まちを変える都市型農園

コミュニティを育む空き地活用

新保奈穂美

学芸出版社

はじめに

都市住民が、都市のあらゆる空間を使って土を耕し、野菜や花を栽培する活動「アーバンガーデニング」(urban gardening)[1]。世界的に人気が高まっているこの活動は、生業の農業と区別する形で、日本では「農的活動」と呼ばれることもある。かつては都市のなかから排除されようとしていた農地をはじめとする農的空間は、日常の楽しみや健康的な生活をもたらし、環境保全にも貢献するものとして、むしろ積極的に都市に組み込まれようとしている。本書では、アーバンガーデニング・農的活動の場となる、自宅外の空間を「都市型農園」と呼ぶことにする。

潮目が変わった背景には、先進国を中心として、気候変動や少子高齢化、社会格差の拡大などさまざまな社会課題に対応できる新たな都市や暮らしのあり方が模索されていることが考えられる。食料生産のための生業としての農業に留まらない「農」が持つ多様な可能性に多くの人が気付き、行動を起こしつつあるのだ。

こうした状況にあって、都市型農園に期待できるメリットは多い。日本の状況を踏まえて本書で特に注目しているのは、「土地活用」と「コミュニティ醸成」の観点だ。前者については、相続の問題を抱えている都市農地のほか、人口減少により利用率の下がる公園や新たに発生する空き地の活用策として都市型農園を捉えている。そして後者については、少子高齢化が進行するなかでの世代間の助け合いや、増える外国人も包摂するコミュニティの醸成の場として、都市型農園を提案しようとしている。

都市型農園は、自治体などによって計画的に設立されるよりは、まずは課題意識を持った住民の手によって自発的につくられることが多い。その分、運営のノウハウが共有されづらく、土地の利用権が保障されにくいために、活動が不安定であることも多い。さまざまな国や地域で同じような方向性に動きつつあるいま、知恵と経験を共有し、よりよい都市における農的空間のつくり方を学び合うときだ。

一方で、有する資源や直面する課題は、地域ごとに異なる。たくさんの事例を参照し、自分の実践に役立つ部分を探さなければならない。しかし、現場で動く人々にとっては、時間や地理的な制約から、他の事例を横断的に見ていくことは困難だろう。

そこで本書では、筆者がこれまでの研究活動のなかで見てきた国内外の先進事例を多数紹介し、そこから得られるヒントをまとめている。一部は寄稿者の経験もお借りして、これまでにあまり取り上げられていなかった事例まで射程を広げ、バリエーションを持たせた。直接目で見て話を聞き、資料を読み解かなければわからない情報まで、豊富に含めたつもりだ。この本を手に取ってくださった方々が、都市型農園をツールとしてまちを変える仕組みと効果について理解を深め、それぞれのフィールドで実践につなげていただければ幸いである。

本書の構成は以下の通りである。

- Prologue では、都市型農園が現代の都市の問題解決に効果を上げる可能性について、その歴史もたどりながら解説する。
- Chapter 1 では、土地の利活用におけるスキームや戦略のユニークさに着目した視点から、都市型農園の事例を紹介する。
- Chapter 2 では、地域に与えている効果に注目した視点から、都市型農園の事例を紹介する。
- Chapter 3 では、非農家である市民が都市型農園を開設するケースを主に想定して、都市に農を取り入れるポイントについて解説する。

- Epilogue では、都市型農園を活用した持続可能なまちづくりとライフスタイルをキーワードに展望を示し、本書を締めくくる。

2022年9月
新保奈穂美

補注

1）日本では「アーバンファーミング」（urban farming）という言葉も使われつつある。アーバンガーデニングとの明確な違いはないが、「耕す」ということにより重点が置かれている印象がある。ほか、「アーバンアグリカルチャー」（urban agriculture）も、両者を包含する概念として世界的によく使われる類語である。

目次

Prologue

いま
都市型農園に
注目する理由

1　都市における農

都市型農園とは

国内で増えるバリエーション

まちのなかで都市住民が耕す自宅外の空間、いわゆる「都市型農園」が、先進国を中心に世界で関心を集めている。

日本でよく知られているのは、農家が所有する農地を区画に分けて貸し出している農園であり、一般に「市民農園」と呼ばれる（写真0･1）。都心部で見かけることはほとんどないが、郊外住宅地のなかに点在していることが多く、無意識に近くを通り過ぎていることもあるだろう。多くの場合、利用希望者は1年ごとに自治体を通じて応募し、野菜や花の栽培を行うことができる。ただし農家やNPO、企業などが直接開設・運営しているものもあり、ルールはそれぞれに異なる。

農林水産省の発表によれば、市民農園の設置数と面積は2003年から2017年までは増加し続け、2018･2019年には減少したものの、2021年3月末時点で全国に4,211農園（186,378区画）、面積にして1,294ha存在している[1]。そして全体の8割にあたる3,415農園が都市的地域[2]に立地している[1]。

近年は都市型農園のバリエーションも増え、例えば栽培指導・支援や農機具貸し出しなどのサービスが付いた「体験農園」、地域の人々でともに耕し交流する「コミュニティガーデン（農園）」などがみられる。中身も名称もさまざまであり、タイプ分けが困難なケースも多い。上述の統計にも混在している可能性がある。

しかし共通しているのは、自らで植物を育てる経験や、食べ物をつくる経験を得られる場であるということだ。そして、次章以降で述べるように、土地活用やコミュニティ醸成、心身の健康の

写真0･1　市民農園の一例。住宅地内にある農地を使った貸農園（筆者撮影）

維持、環境教育、食育など、地域社会が抱えるさまざまな課題解決に寄与する可能性を秘めている。

地域と時代に合わせて続く進化

海外に目を向けると、特に欧米では昔から都市型農園が活躍してきた。産業革命の頃から存在するドイツの「クラインガルテン」(Kleingarten) や英国の「アロットメントガーデン」(allotment garden)[3] などの欧州の都市型農園、1970年代に設立運動が始まった北米のコミュニティガーデンなどが有名である。

欧州では、都市での失業者対策として食料自給の場が求められたことや、農村部からの人口流入によって過密になった都市において工場からの排煙や煤（すす）で住環境が悪化して、健康的な緑の空間が求められたことから、都市型農園が誕生した。そして英国やドイツに続き、デンマークの「コロニーヘーヴ」(Kolonihave) やオランダの「ヴォルクスタイン」(Volkstuin)、ポーランドの「ロッジンネ・オグロッド・ジャルコヴィ」(Rodzinny ogród działkowy) などが生まれ、いまも残っている[4)]。

一方、北米に関しては、人種間の対立や人口減少、それに伴う建物の放棄、既存のコミュニティを無視した都市再生プロジェクトなどによりコミュニティが危機に陥るなか、空き地をガーデンとして使うことでコミュニティ再生が目指された[5)]。

21世紀に入ると、それまで都市型農園の存在が目立たなかったスペインやイタリアなどの南欧、セルビアなどの東欧などでも、コミュニティガーデンをはじめとした都市型農園が誕生している[4)]。シンガポールや中国などのアジアの都市においても、マンションやビル、商業施設などの屋上を中心に農園をつくる事例がみられるようになっている。特に食料のほとんどを輸入に頼っていたシンガポールは、2019年3月に、2030年までに食料自給率の30％への引き上げを目標として掲げたことから、ビルの屋上などでの野菜栽培が盛んになってきている。

日本の都市型農園のルーツ

ドイツ発祥・クラインガルテンの仕組み

日本の都市型農園のルーツには、ドイツのクラインガルテンがかかわっていると言われる。まずは簡単にその全体像を紹介しよう。

ドイツのクラインガルテンは、面積にして300 m^2 程度の区画から成っており、面積24 m^2 以内の小屋が建てられ、そのほかは芝生や花壇、畑などとなっている（写真0･2)。区画は連なってまとまった大きさの緑地になっていて、小さいところでは数区画、多いところでは数百の区画が連続している。都市域が小さかった頃には縁辺部に存在していたものの、現在では大きくなった都市

写真0･2　ドイツ･ハノーファーにある現在のクラインガルテン区画の一例（筆者撮影）

に取り込まれて、街中に点在する状態もみられる。特に庭のない集合住宅に暮らす都市住民にとっては、バスやトラムや近郊電車で、仕事後や休日に気軽に行くことができる貴重な緑地である。

利用にあたっては、「連邦クラインガルテン法」（Bundeskleingartengesetz）第１条で「クラインガルテンらしい使い方」が義務付けられている。具体的には、３分の１は果樹や野菜の畑にしなければならないことが、2004年に行われた裁判で解釈として示された。つまり、100 m^2 程度は畑または果樹園にするということだ。この部分の面積だけで、10 m^2 程度が一般的な日本の市民農園の区画に比べて10倍の広さである。

クラインガルテンには公有地のものも私有地のものもあり、2021年時点でドイツ全土に90万区画近くある。平均的な広さ370 m^2 の区画の場合、年間約66.66ユーロ（2022年５月のレートで約9,000円）で借りられる（会費、光熱費等別）。ただし需要が大きいため、ベルリンやミュンヘンなどの大都市では、申請から区画を借りられるまで4～8年かかることもある[6)]。

クラインガルテンは現在、都市計画で用途地域として、法的に開発から守られているものが多くある。土地需要の高まりやインフラ整備の必要性から、残念ながら開発用地として使われることもあるが、基本的にはその存在が保護されている。

クラインガルテンの起源

クラインガルテンの始まりには諸説あるが、「シュレーバーガルテン」（Schrebergarten）という農園がその起源の1つとしてよく紹介される。都市の衛生環境が悪化していた19世紀末に、ライプツィヒの医師であり教育者でもあったシュレーバー博士[7)]が、子どものために新鮮で綺麗な空気を吸える遊び場を都市につくるべきと提唱したのがその始まりだとされる。シュレーバー博士の死後、その理念にもとづいてハウシルト博士[8)]という教育者が1864年にシュレーバー協会を設立。翌年に市有地に子どもの遊び場を整備した。その後、教師ゲゼル[9)]が遊び場の周りにつくった農園が、現在のクラインガルテンの端緒だと言われている。この農園とシュレーバー協会は、現在の各クラインガルテン施設とその利用者組織の基礎となっており、現在でもクラインガルテンはシュレーバーガルテンと呼ばれることがある。

明治期の日本への流入

こうした歴史を持つクラインガルテンが、実は現在の市民農園の出自にかかわっている。江戸時代の長い鎖国のあと、日本は開国し、明治の文明開化のなかで洋服やレンガ、牛肉など欧米のさまざまな文化や技術を取り入れた。都市計画も欧米にならい、大正から昭和初期にかけての1920年代には、クラインガルテンが日本の造園技術者や研究者によって盛んに紹介されるようになった。そして、「これこそ都市住民の健康を維持するために、都市にあるべき緑地だ」という声が上がったのである。

市民農園の始まりと拡大

特に注目したのが、大阪のメインストリートである「御堂筋」を生み出した当時の大阪市長、關一（せきはじめ）氏だった。關氏の一声により、大阪の郊外の農地にまず「市民農園」が設置された。その後、利便性を考えて都市の中心部に近い城北公園（現・大阪市）に、「分区園」（同じく区画貸しの農園で、公園にできたもの）が設置された。そして、東京の大泉学園（現・練馬区）にも市民農園が、現在の広尾中・高敷地（現・渋谷区）にも羽澤公園分区種芸園という分区園が誕生した。土地の制約上か、1区画の面積は30～50 m^2 とクラインガルテンよりもはるかに小さく、小屋や芝生を設ける余裕のない農園ではあったが、こうして公に市民農園と呼ばれるものの歴史は始まったといえる。

第二次世界大戦が始まると、国会議事堂の前にさえ畑がつくられるほどの食糧不足だったために、もはやどこも空き地を耕すことを余儀なくされ、きちんとした都市施設としての都市型農園の議論をしている余裕はなくなったようである。しかし、戦後に都市の拡大が始まると、農家は農業以外の稼げる仕事に従事する一方で自発的に農地を貸し出して、市民農園が生まれていった。

当時、都市農地は開発予備地と捉えられていたため、暫定的に市民農園の存在を認める通達が出されるなどしていた。しかし開発の需要が落ち着いてきた1990年頃には、合法的に農地に設置し、必要な設備も整えられるように、市民農園に関するさまざまな法整備がなされ、現在に至っている。

2　農地・空き地活用に向けた可能性

農地活用の必要性

営農を前提とする「生産緑地」

前節でも触れたように、都市型農園は、地域の都市計画や土地利用のあり方と深く関連している。ここでは、農地とみなされている土地のうち、特に「生産緑地」と呼ばれる土地の活用ニーズについて解説したい。

日本の住宅地は基本的に、市街化を促す「市街化区域」にある。ところが都市郊外部では、市街化区域のなかに農地が織り交ざって残っているところも多くある。市街化区域が創設されるきっかけとなったいわゆる「新都市計画法」が 1968 年に制定された際には、区域内の農地はいずれ開発され、住宅や商業地などになるものとされていた。

しかし、依然として農地を持ち続けたい所有者が相当数存在したことから、1974 年に「生産緑地法」が制定され、市街化区域内にあって営農継続の意思がある者が持つ農地は、都市環境を保全する役割を担う「生産緑地地区」（以下、生産緑地）とされ、土地に対する課税も安くなった。ただし、指定による制限も多く、指定なしでも条例などにより実質的に宅地並みの課税が免除されていたため、生産緑地指定される農地は少なかった[10)]。

その後、1992 年施行の生産緑地法改正で、三大都市圏の特定市において、生産緑地指定を受けていない市街化区域内農地に対し、宅地並みの課税が実施されることになった。一方、生産緑地については、30 年間そこで自分自身が農業を続けることを条件に、固定資産税の軽減や相続税の納税猶予などの措置が認められた。この税制の変化のタイミングで、現在生産緑地指定されている農地の多くが、一斉にその指定を受けている。

懸念された「生産緑地 2022 年問題」とその対応

一方で、この生産緑地制度の変化から 30 年が経つ 2022 年には、一斉に生産緑地の指定が解除される可能性があるといわれていた。このため、特に三大都市圏特定市にある 1.2 万 ha 程度の生産緑地指定を受けた農地が、大量に土地市場に出ると懸念されたのだ（図 0•1）。

未だ人口流入が盛んな地域では、農地を売却して開発用地に供することも可能だが、日本全体で見れば少子高齢化とそれに伴う人口減少は進行するばかりで、土地需要も下がっている。そんななかで大量の農地が土地市場に出回れば、地価の下落は免れないと懸念された。

こうした流れを踏まえて、2017 年に生産緑地法が改正され、30 年経過後も 10 年ごとに指定を実質的に更新できるようになっ

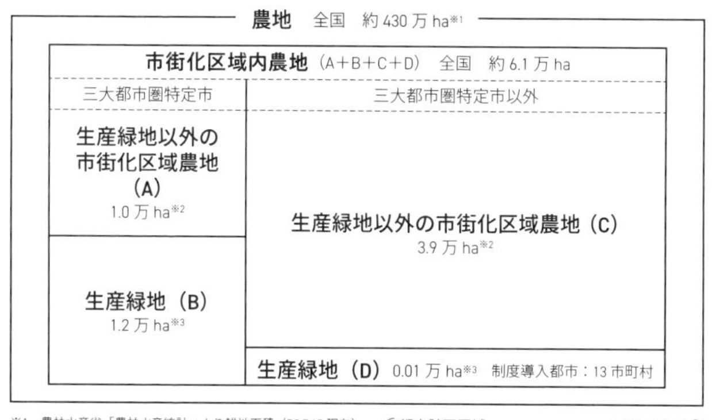

図 0•1　全国・首都圏・大阪大都市圏における生産緑地の面積（国土交通省（n.d.）[11]）

た（特定生産緑地制度）。国土交通省によれば、2021年9月時点で8割の生産緑地の所有者が「特定生産緑地」として指定済あるいは指定見込みであり[12)]、生産緑地が一斉に土地市場に出回ることはなくなった。また、同法改正により、以前より小さな面積の農地も生産緑地指定を受けられるようになった。

農地を農家以外が活用するための法整備の進展

生産緑地の2022年問題が回避されたとはいえ、それでも農家の高齢化や後継者不足の問題が解決したわけではない。10年ごとにまた多くの農家が生産緑地を手放しうるタイミングは訪れる。それでは、「もう農業は続けられない」と考えた農家は、生産緑地指定の継続はせずに自治体に土地の買取申出を行うしかないのだろうか。

ここで効いてくるのが、2018年に施行された「都市農地の貸借の円滑化に関する法律」（略称：都市農地貸借法）である。

この法律により、生産緑地のメリットを受けながら、自分が耕作するのではなく、他人に生産緑地を貸して耕作してもらえるようになった。具体的には、生産緑地の所有者は明確な契約期間を定められるので農地が返ってこない心配をする必要がなくなり、相続税納税猶予を受けたまま農地を貸し出せることとなった。

これによって、農家でない市民やNPOなどが生産緑地を借りて、農業を行ったり、市民農園等を開設したりすることが容易になったのである。市街地に入り混じって存在する農地は、近隣の住宅からのアクセスが良く、都市住民も通いやすいことから、都市型農園として活用するポテンシャルがある。土地の過度な市場放出による地価の下落を防ぎつつ、地域ぐるみで農地を農地として保全・活用する策として、都市型農園を選択するための法制度は整ってきたといえる。

空き地活用の必要性

増え続ける空き地とそのリスク

一方、従来住宅や商業などに使われていた空き地についてはどうだろうか。空き地も、少子高齢化と人口減少を背景として増えている。「平成30年住宅・土地統計調査」（総務省実施）によると、世帯が所有している「宅地など」の土地のうち、低・未利用地（屋外駐車場、資材置き場、空き地、原野）は2013年の1,413 km^2 から、2018年には1,751 km^2 へと、5年間で約340 km^2 増えた（図0・2）。低・未利用地が占める割合の増加は特に地方都市で顕著であり、2013年に三大都市圏では9.8%、地方圏で13.5%であったが、2018年にはそれぞれ10.9%、18.1%となった（図0・3）。

こうしたなか、未だに新規の宅地開発がなされている地域もある一方で、1960年代〜70年代に開発されたニュータウンなどは衰退の危機を迎えているところが多くなっている。全体として人口が減るだけでなく、成熟したまちから新たに開発されたまち

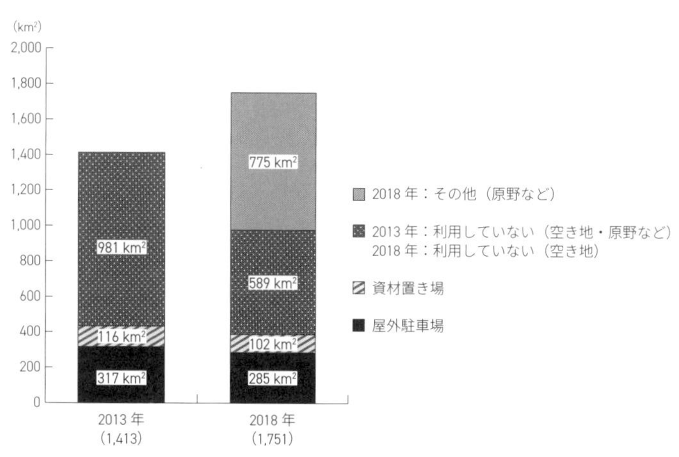

（注）（ ）内の数字は低・未利用地の面積（単位：km²）

図0・2 全国の低・未利用地の面積変化（国土交通省（2020）を一部改変[13]）

三大都市圏

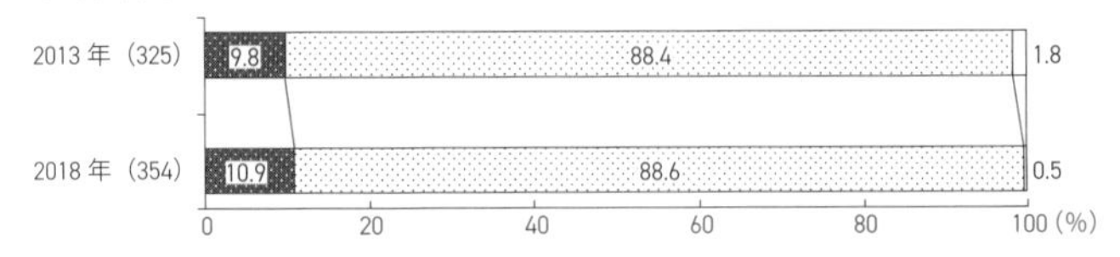

地方圏

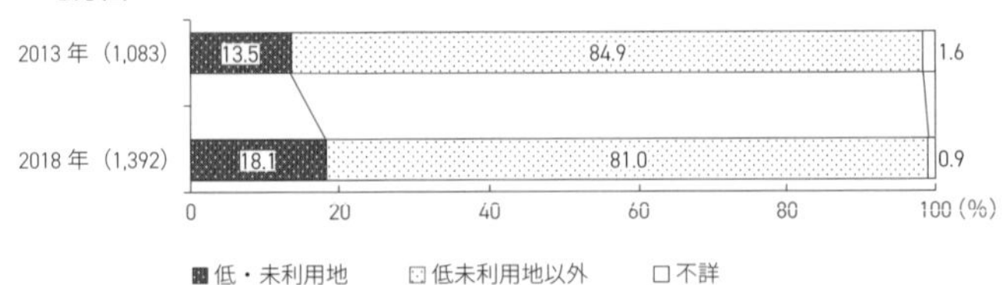

(注)（　）内の数字は低・未利用地の面積（単位：km²）

図 0･3　土地所在地別の低・未利用地の面積割合（国土交通省（2020）をもとに筆者作成[13]）

へ住民が移ってしまうと、空き地が増えるのは必然である。

空き地は適切に管理されないと雑草が繁茂し、害虫が近隣住民を悩ませたり、粗大ごみなどの不法投棄がなされたりする恐れが発生する。景観も好ましいものではない。そして、生産緑地の問題と同じく、余剰の土地が多くなると地価下落が起き、まちのイメージや社会サービスの低下を招きかねない。

空き地を活用するための制度整備の進展

そこで、空き地を農園として活用するメリットを考えてみよう。まず人の手が入ることにより、荒れなくなる。しっかり手入れされれば、むしろ元の状態よりも美しくなるかもしれない。また、手入れする人の気配があるところでは、不法投棄もためらわれるようになるだろう。花が増えれば、花粉を運んで生態系に良い影響をもたらすミツバチなどポリネーター（花粉媒介者）の飛来などに寄与する可能性もある。さらに農園での活動を通じて人が交流しあうことで、地域コミュニティ醸成にもつながる。

実際に、空き地を農園として活用するための制度面にもすでに動きがある。例えば、市民が生み出す緑の空間を、公園に準じた公共空間として認める「市民緑地認定制度」が2017年に始まっている。これは、「みどり法人」[14]が設置管理する場合に、税制面で優遇する制度だ[15]。税制優遇は時限的な措置であり、緑化地域[16]または緑化重点地区[17]内に限るという要件はあるが、条件が揃えば農園開設のインセンティブになりうる。

また、Chapter 3で詳しく取り上げるが、千葉県柏市は2010年に「カシニワ」制度を創設している。この制度では、空き地を使ってほしい所有者と、活動地を探している市民団体等をマッチングさせ、創出された空間を「地域の庭」として公開している。この「地域の庭」のあり方として、コミュニティガーデンのような都市型農園も言及されている[18]。

以上のように、農地と空き地のどちらについても、都市型農園としての活用を想定した法制度が国や自治体により整備されつつある。土地活用という観点から都市型農園はますます注目されていくと思われる。

3 | コミュニティ拠点としての役割

都市型農園に期待される機能

都市型農園には土地活用のほかにも、食料生産や生物多様性への貢献、環境教育など多様な機能が期待される。ここからは、少子高齢化や多文化共生といった日本社会の課題を踏まえ、コミュニティ醸成の機能についてみていきたい。

多世代で支え合うコミュニティの拠点

共同作業の性格が強い農園であるほど、コミュニティづくりに寄与して、お互いを見守り助け合う社会の一助となることが期待される。その意味で都市型農園は、都市部に暮らす高齢者や子育て世代を含む多世代がかかわる拠点としての可能性を持っている。

高齢化社会においては、都市型農園は高齢者の日常的な外出理由となりえる。「令和 3 年版高齢社会白書」によれば、2021 年 10 月 1 日時点で 65 歳以上人口はすでに 28.9% であり、その後も単調増加する推計が出されている[19]。高齢者の居場所や、社会貢献の場がますます求められていくだろう。

また、社会保障費の増大と、高齢者を支える若年層の人口減少を考えれば、いかに一人ひとりが健康を保って病院通いを減らすかも重要になる。近所の都市型農園で人々と会って喋り、日々のやるべきことを見出し、外との接点を保つ。汗をかいて土を耕すことで運動の機会とすることで自身の健康も保つ。そうした観点から、定年後や子育て後の余暇活動の選択肢の 1 つとして、都市型農園には価値があるだろう（写真 0・3）。

一方で子育て世代にとっては、地域ぐるみで子どもの面倒を見てもらえたり、情報交換をしたりする場となる。子どもの世話や家事に奮闘する人々にとって、その負担を少しでも軽減できる場があると助かるだろう。都市型農園であれば、自分は農作業に勤しみ気分転換をしつつ、ほかの農園仲間に園内で遊ぶ子どもを見守ってもらうことができる（写真 0・4）。

また都市型農園は基本的に土と植物がある開けた地なので、子どもが転んで大怪我するリスクは小さく、むしろ泥だらけになる貴重な体験ができる場でもある。利用者同士で親しくなれば、子育てに関する相談事を持ちかけたり、地域の情報を交換しあったりすることもできるだろう。実際、「子どもが家族以外の大人

写真0・3　住宅地内の空き地を活用した「たもんじ交流農園」（東京都墨田区）で栽培活動を楽しむ近隣住民（筆者撮影）

写真0・4　農地を活用した「せせらぎ農園」（東京都日野市）で子どもとともに生ごみの土壌還元作業に取り組む利用者（筆者撮影）

と触れ合う機会を持てたり、小学校の情報などを聞けたりして良かった」という声を聞くことも少なくない。

このように、いろいろな世代にとって利点がある都市型農園が公園のように各地域に存在するようになれば、住民同士が互いを支え合う新たなコミュニティ拠点となるだろう。

多文化を許容するコミュニティの醸成

日本に暮らす外国人との接点としても、都市型農園の役割は大きい。昨今、技能実習生や留学生などとして来日する外国人が増えている。総人口に占める外国人人口の割合は2015年には1.4%、大学（学部）・短期大学・高等専門学校に在籍する留学生は2018年で87,806人に上り、この30年ほどおおむね増加傾向にある[20、21)]。新型コロナウイルス感染症蔓延の影響で一旦その傾向は止まったが、働き手が急速に減るなかで、今後また日本に暮らす外国人が増えてゆく可能性は高い。

外国人受け入れに対してはさまざまな意見があるが、すでに外国人住民が顕著に増えているという事実を踏まえれば、多文化共生社会の実現は急務である。互いの文化的背景の違いをまず知り、対等な地域社会の構成員として尊重し認め合う社会づくりが求められる。しかし、何のきっかけもなく交流して相互理解を深めるのは難しい。また、地域住民と外国人住民の交流を目的としたイベントは数多く行われているが、単発的になりがちである。

そこで、さまざまな人をつなげるツールとして、「食」は有力だ。食は、誰しも生きるために必要なものであり、食材の種類から調理方法、食べ方に至るまで、文化を反映する要素が詰まっているからである。また、皆がともに気軽に楽しみやすいものとなっている。食材を得るための農作物栽培も、高度な言語スキルなしに、継続的に一緒に取り組むことができる活動である。

写真0•5　せせらぎ農園（東京都日野市）には廃家具を再利用した燻製箱がある。燻製チーズや卵、ベーコンには、農園で取れたハーブが添えられた（筆者撮影）

都市型農園は、こうした農作物栽培から食事に至るまでのプロセスをすべて、異なる文化背景を持つ人とともに体験できる場になっている。農園の収穫物や家から持ち寄った食材を使い、各々の郷土料理や家庭料理をつくって一緒に食べる機会をつくることは、異なる文化を分かち合ううえで有効だ（写真0•5）。

自分たちの手で自分たちのまちを変えていく意識

もちろん、都市型農園によってあらゆる問題が解決されるわけではなく、ある目的に絞った場合にはほかの手段の方が効果的かもしれない。しかし、都市型農園を通じて多面的な機能が発揮され、何より自分たちの手で自分たちのまちを変えていくという意識や機運が生まれることに、大きな意義がある。

さらに、いま都市部に暮らす人のなかには、都市部で生まれ育ち、植物の栽培に触れてこなかった人も多くなっている。そうした人たちがいきなりプロの農業者になるのは敷居が高くても、自分の知識や経験の程度に合わせて選べる都市型農園には、挑戦しやすい。少しずつ野菜や果物づくりにのめりこんで、地域の農地保全や食育・環境教育に関心を持ち、持続可能な地域をつくっていくという展開も期待できる。

住民自らの力でコミュニティを良くしていく手段の１つとして、都市型農園にはポテンシャルがある。次章以降では、実際の事例を挙げながら、都市型農園を開設してみたい人や、すでに運営していて次の展開を考えている人にとってヒントとなる情報をまとめていく。前提として、それぞれ国・地域・コミュニティごとに固有の背景や資源があり、すべてをそのまま真似ることはほぼ不可能である。しかし、「これは使える」というアイデアの種はちりばめられているはずだ。また、自分で都市型農園を開設・運営するとまではいかない人にとっても、利用者の観点から、面白い・素敵だと感じられ、何か行動を変えられるような事例に出会えるワールドツアーになれば幸いである。

補注・引用文献

1) 農林水産省 (2021) 市民農園をめぐる状況。
https://www.maff.go.jp/j/nousin/kouryu/tosi_nougyo/s_joukyou.html (2022 年 5 月 24 日閲覧)
2) 「都市的地域」の基準指標は「可住地に占める DID 面積が 5% 以上で、人口密度 500 人以上又は DID 人口 2 万人以上の市区町村及び旧市区町村」と「可住地に占める宅地等率が 60% 以上で、人口密度 500 人以上の市区町村及び旧市区町村。ただし、林野率 80% 以上のものは除く。」とされている。(農林水産省ウェブサイト https://www.maff.go.jp/j/tokei/chiiki_ruikei/setsumei.html (2022 年 5 月 24 日閲覧))
3) 本書では詳述しないが、英国のアロットメントガーデンの歴史や法制度も、昭和初期に盛んに日本へ紹介されていた。英国では 19 世紀に政府が農地の囲い込み運動に伴い発生した失業者・貧民対策として法整備をし、区画分けした農園を与えたことが、現在のアロットメントガーデンの起源になっている。そして、二度の世界大戦期の食料の増産需要で大きく発展した。荏開津典生・津端修一 (1987) 市民農園ークラインガルテンの提唱。家の光協会、180-183 などに詳しい。
4) Keshavarz N. and Bell S (2016) A history of urban gardens in Europe. In: Bell S., Fox-Kämper R., Keshavarz N., Benson M., Caputo S., Noori S. and Voigt A. (ed.), Urban Allotment Gardens in Europe. Routledge, New York, pp. 26-29
5) Lawson L. J (2005) City Bountiful: A Century of Community Gardening in America. University of California Press, Berkeley and Los Angeles, California, p. 206
6) Bundesverband Deutscher Gartenfreunde e.V., Zahlen, Daten, Fakten 2021, (n.d.).
https://www.kleingarten-bund.de/de/Aktuelles/zahlen-daten-fakten-2021/ (2022 年 5 月 24 日閲覧)
7) ダニエル・ゴットロプ・モーリッツ・シュレーバー (Daniel Gottlob Moritz Schreber) 博士 (1808 〜 1861 年) は子どもの遊び場を設けることによって、工業化・都市化の負の影響を防ごうとした。
8) エルンスト・イノセンツ・ハウシルト (Ernst Innocenz Hauschild) 博士 (1808 〜 1866 年) は市民学校の校長を務めた教育者である。
9) カール・ゲゼル (Karl Gesell) (1800 〜 1879 年) は上級教師の職を辞したあと、ライプツィヒで年金暮らしをしていた。設置した農園は当初子どものためとされていたが、のちに大人の方が興味を持つようになり家族全員のためのものとして発展していった。
10) 樫原正澄・中山徹(1994)生産緑地法改正と都市農業の再編。関西大学経済論集、44(3)、407-448
11) 国土交通省 (n.d.) 都市農地　データ集：農地面積の現状。
https://www.mlit.go.jp/toshi/park/toshi__productivegreen_data.html (2022 年 8 月 4 日閲覧)

12) 国土交通省都市局（2022）都市農地に関する法制度と農あるまちづくりについて。2021 年度日本都市計画学会関西支部企画シンポジウム資料。
http://www.cpij-kansai.jp/cmt_plan/top/plan.html（2022 年 5 月 24 日閲覧）
13) 国土交通省（2020）平成 30 年世帯土地統計　確報集計　結果の概要。
https://www.mlit.go.jp/totikensangyo/content/001372031.pdf（2021 年 12 月 21 日閲覧）
14) みどり法人となりうる法人は、一般社団法人、一般財団法人、NPO 法人、その他の非営利法人または都市における緑地の保全及び緑化の推進を目的とする会社であり、市区町村長が指定する。
15) 固定資産税・都市計画税の軽減は 2023 年 3 月 31 日までの時限措置とされている（2022 年 5 月現在）。当初は 2021 年 3 月 31 日までの措置とされていたが、延長された。
16) 緑化地域制度は、都市緑地法第 34 条にもとづき、緑が不足している市街地などにおいて、一定規模以上の建築物の新築や増築を行う場合に、敷地面積の一定割合以上の緑化を義務づける制度である。緑化地域の指定主体は市町村である。その他詳細は次のウェブサイトを参照されたい：国土交通省（n.d.）公園とみどり　緑化地域制度。
https://www.mlit.go.jp/crd/park/shisaku/ryokuchi/chiikiseido/index.html（2021 年 12 月 21 日閲覧）
17) 緑化重点地区は、都市緑地法第 4 条にある「緑化地域以外の区域であつて重点的に緑化の推進に配慮を加えるべき地区」のことであり、市町村が定める「緑の基本計画」の策定項目として規定されているものである。都市緑地法運用指針（2021 年 11 月版）によると、「市町村による重点的な緑化施策に加え、住民及び事業者等において、都市緑化基金の活用、住民や自治会によるボランティア活動の展開等それぞれの立場での自主的な緑化の推進が積極的に行われることが期待できるので、積極的な地区の設定を行うことが望ましい」とされている。
18) 柏市住環境再生課（n.d.）カシニワおにわパンフレット。
https://www.city.kashiwa.lg.jp/documents/19108/oniwa.pdf（2022 年 7 月 12 日閲覧）
19) 内閣府（2022）令和 4 年版高齢社会白書全体版。
https://www8.cao.go.jp/kourei/whitepaper/w-2022/zenbun/04pdf_index.htm（2022 年 7 月 24 日閲覧）
20) 総務省統計局（2018）平成 27 年国勢調査　我が国人口・世帯の概観　第 13 章　外国人人口、p.151
https://www.stat.go.jp/data/kokusei/2015/wagakuni.html
21) 日本学生支援機構（2019）平成 30 年度外国人留学生在籍状況調査結果。
https://www.jasso.go.jp/sp/about/statistics/intl_student_e/2018/index.html（2020 年 1 月 23 日閲覧）

Chapter 1

まちのスキマを活かす戦略

CASE.1

大規模な公有の空き地を有効利用する

プリンツェシンネンガルテン

（ドイツ・ベルリン市）

現地語表記	Prinzessinnengärten
土地所有	ベルリン市（モーリッツプラッツ）／教会（聖ヤコビ墓地）
運営者	ノマーディッシュ・グリューン（民間企業）
設立時期	2009 年
財源	運営者の資金（各種プログラム参加費や子会社売り上げなど）
面積	6,000 m^2（モーリッツプラッツ）／ 75,000 m^2（聖ヤコビ墓地）

始まりは公有地の暫定利用

ベルリン市中心部にほど近いフリードリヒスハイン＝クロイツベルク区の地下鉄モーリッツプラッツ駅から地上に出ると、目の前に約6,000 m^2のコミュニティガーデンが広がっている。2009年に、面している通りの名を冠して「プリンツェシンネンガルテン」(Prinzessinnengärten) として開設された都市型農園である。

春から秋にかけて誰でも入ることができ、移動可能なカゴや袋に土を入れてつくられた畑で有機野菜の栽培に参加できる点が特徴だ。近郊農家の野菜も用いたカフェ（写真1･1）で飲食を楽しむことができるほか、グラフィティ[1]などのアートを眺めたり、本棚にある本を読めたりと、多様な活動を楽しめる空間になっている。2015年8月にはフリードリヒスハイン＝クロイツベルク区から建築許可が下り、床面積100 m^2、高さ10 mの3階建ての東屋（Die Laube、写真1･2）が建てられ、2017年6月からさまざまなイベントで活用されている。

プリンツェシンネンガルテンは当初、空き地であった市有地の暫定利用としてつくられたものである。キューバの都市農業に着想を得た青年らが、土地利用計画上は学校用地である未利用の市

写真1･1　ガーデン内のカフェ。森のような空間で野菜料理や飲み物を楽しめる（筆者撮影）

写真1·2　東屋。奥には階段があり、高いところに上ってステージを眺められるようになっている。(筆者撮影)

有地を区役所から紹介され、そこをガーデンの用地として決めたのが、その始まりだ。放棄されていた敷地内のゴミを撤去し、有機野菜を育てる空間につくり変えて、“モバイル（移転可能な）ガーデン”をコンセプトとして、2009年の夏にオープンしたのである。

存続をめぐる住民運動

市有地の管理・売却を担う不動産会社から当初提示された月10,000ユーロの賃料は、交渉の結果、最終的に道路管理費[2)]800ユーロを含めた2,300ユーロにまで減額されたという。利用契約は、1年または2年毎に更新されることになった。

しかし2012年、市が土地の売却を検討しようとしたことを機に、運営企業である「ノマーディッシュ・グリューン」

(Nomadisch Grün：日本語で「遊牧の緑」の意味）を中心に、ガーデンの存続を求める“Let it Grow”キャンペーンが実施された。プリンツェシンネンガルテンはモバイルガーデンを謳っていたものの、契約期間の終了時に本当にガーデンを移転すべきかどうかについては、利用者内でも議論されていたのである。その理由として、ベルリンにおけるコミュニティガーデンのシンボル的な存在であるプリンツェシンネンガルテンが移転を受け入れてしまうと、立ち退きを迫られているほかのガーデンにかかる移転の圧力が強まると考えられたためだ。また当然、移転すれば、近隣に住む従来の利用者は訪れづらくなる。

こうした背景から、ガーデン存続に賛同する署名は数週間で30,000筆が集まった。また、2012年12月から2013年2月まで、さらなる活動の発展や広報活動の資金を確保するため、クラウドファンディングで寄付が集められた。この試みは成功し、24,635ユーロが寄付された。この運動を受けて、市は2013年から2018年12月までの期間で新たな貸借契約を結ぶことを決定した。

その後、2019年の再度の契約終了が迫るなかで、隣接するノイケルン区の教会所有地である聖ヤコビ墓地内に、元の運営組織がその活動地を移転した。一方、交渉の末にモーリッツプラッツにある元の活動地の利用契約の延長もなされ、一部のメンバーはそちらに残ることとなり、現在に至っている。

引っ越しで生まれたもう1つのガーデン

2019年終わりから2020年初めにかけて、元の運営組織はノイケルン区の聖ヤコビ墓地に「プリンツェシンネンガルテン・コレクティフ」(Prinzessinnengärten Kollektiv：以下、コレクティフ)を開設した。「コレクティフ」は「共同の」という意味である。

写真 1•3　プリンツェシンネンガルテン・コレクティフ入り口のカフェ（筆者撮影）

写真 1•4　プリンツェシンネンガルテン・コレクティフのコンテナを使ったガーデン（左）とワークショップに使われる墓石の加工場（右）（筆者撮影）

こちらは、墓地といっても公園緑地のような雰囲気が感じられる空間である。入口の門を抜けるとカフェとコンテナ（木箱）のガーデンが出迎えてくれ（写真1･3）、さらに奥には豊かな木々の間にコンテナや地植えのガーデン、不要となった墓石の加工場、環境教育のための広場などが続いている（写真1･4）。

ガーデンにかかわる運営事業者

プリンツェシンネンガルテンの運営はもともと、開設者である青年らが開業した団体から始まった「ノマーディッシュ・グリューン」によって担われてきた。現在は非営利の有限会社となっており、有給スタッフ8名が所属している（2018年当時）。

一方、2019年の利用契約延長後にモーリッツプラッツでガーデンの運営を担っているのは分離した別の団体で、ノマーディッシュ・グリューンは聖ヤコビ墓地内のコレクティフを運営しており、それぞれ互いに独立して活動している。

いずれのガーデンでも、市民のための環境教育プログラムが実施されている。例えば生ごみや野菜くずなどの植物残渣（ざんさ）を食べて分解するミミズを用いた堆肥づくりや、花粉を媒介するハチの飼い方などに関するワークショップを通じ、持続可能な暮らしについて学ぶことができる内容だ。コレクティフではガイドツアーや学校へのモバイルガーデン提案なども行われている。なお、移転前の活動期には、社会復帰を目的としたコミュニティワークの一環でガーデンに参加している者もいたという。

このほかに姉妹企業として、ガーデン内に夏期のみオープンするカフェの経営を担う営利企業と、2014年に設立されたランドスケープデザインの営利企業があり、それぞれ20名程度、60～80名程度の従業員が所属している（いずれも2018年当時）。後者は小規模農家やほかのガーデンを事業として支援しており、そのなかで成立したガーデンは200カ所以上に上る。

プリンツェシンネンガルテンの運営費は、見学プログラムの参加費やランドスケープデザインを行う子会社の売り上げなど、運営企業の資金で賄われている。自治体や財団から助成金を受けることはなく、自走できるガーデンを目指していることが1つの特徴である。

公共空間として意義が認められたコミュニティガーデン

プリンツェシンネンガルテンは、都市型農園が公共の役に立ち、公有地の用途として認められうることを示した例の1つといえる。モーリッツプラッツで存続できたこと、さらに移転を迫られた際に墓地という移転先を確保できたことは、近隣住民や市、教会に、コミュニティガーデンという空間やそこでの活動の意義が十分に認められた証である。

CASE.2

公民連携で条件不利な公園を再生する

平野コープ農園

（兵庫県・神戸市）

土地所有	神戸市
運営者	神戸市経済観光局農水産課・有限会社 Lusie（民間企業）・平野コープ（市民団体）
設立時期	2021 年
財源	神戸市の予算・利用者が支払う共益費
面積	約 390 m^2

“食べられる公園”をつくる実証実験

「平野コープ農園」は、六甲山系の山裾から神戸の街を望む平野展望公園に、神戸市が設置した都市型農園である。公園を“エディブルパーク”（食べられる公園）として再生し、住民コミュニティの再生を目指す市の実証実験のもとで、2021年4月に開設された。

農園が立地する神戸市兵庫区の平野地域は、1913～68年に走っていた市電で交通至便な南部の海沿いの市街地と結ばれていたが、市電廃止以降、人口減少と高齢化が進んでいる。平野地域の総人口は2000年の9,055人から2015年には7,450人にまで減少し、65歳以上人口割合（2015年時点）は32.9%と、神戸市全体の26.8%を上回っている[3)]。かつて商店街として賑わっていた平野市場も2010年に閉鎖され、平野展望公園も利用者の低迷が続いていた。

市内の公園には、地域住民が組織する公園管理会によって管理されている公園もあるが、同公園にはそうした組織がなく、市が直接管理を実施していた。そこで、神戸市経済観光局農水産課が、公園を管轄する建設局公園部と協働し、住民による管理組織の実現や、市内の農家と住民が交流できる場の創出を目指した実証実験を企画したのである。

こうした動きの背景にあるのは、神戸市が世界に誇る食文化の都としてPRしようと2015年から掲げている都市戦略「食都神戸」だ。市はこの一環として、消費者が都市部で農に触れる機会を創出する「アーバンファーミング」推進事業に2020年度から取り組んでいる。この事業は、「食べる」だけでなく「つくる」習慣を都市住民が得て、食にまつわる資源や行為の循環（食べ物をつくり、食べて、食べたものが自然に還り、また食べ物をつくる）、アートの視点から食と農への意識を高めることを目指している。

多角的な地元企業との協働

平野コープ農園の運営を受託しているのは、都市のコンサルティングを専門とする地元企業の有限会社「Lusie」だ。Lusieは地域のユニークな物件の再活用を手掛ける「神戸R不動産」事業のほか、神戸産野菜を販売するカフェや農村地域での農業スクールの運営事業などを展開しており、その経験やネットワークを活かし、商店街や温泉施設など周囲の地域資源をまちの魅力として物件の住民の生活につなげている。

現在の運営は主にLusieが担っているが、実証実験が終わる2024年3月末以降には農園利用者や地域住民による任意団体「平野コープ」へ運営を移行することが目指されている。

環境や美観に配慮した農園運営

農園内は3つに分かれている。1つ目は、誰でも入って収穫できる「コミュニティ農園」部分90 m^2であり（写真1·5）、約1m

写真1·5　コミュニティ農園部分には誰でも入れることや、収穫物は自己責任で食べてよいことを示す看板。英語の説明も添えられている（筆者撮影）

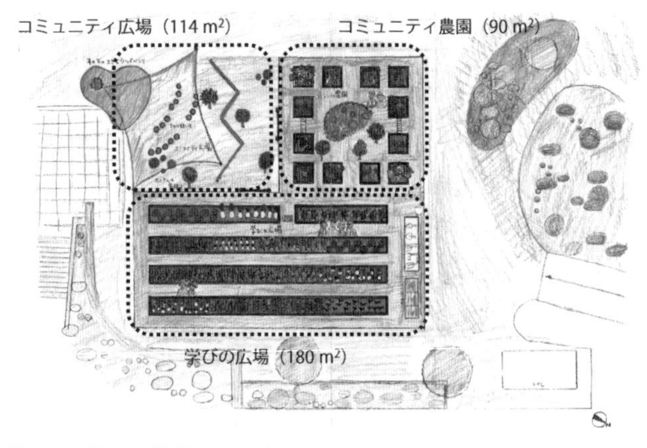

図 1･1　平野コープ農園のレイアウト（Lusie 作成資料に著者加筆）

四方の木枠でつくった畑が 12 区画と、ハーブを植えたスパイラルガーデン（渦巻き状の花壇）が 1 つある。2 つ目は、自分自身で野菜栽培を実践する「学びの広場」部分 180 m^2 で、ここに 17 m × 1 m 程度の木枠でつくった畑が 4 列並んでいる。この畑を区切って、それぞれの利用者の実践の場としている。3 つ目は、指導役の農家からのレクチャーやミーティング、イベントなどに使う共用部分 114 m^2 であり、多くの人が座れるようにウッドベンチや六甲山の間伐材でできた切り株椅子がある（図 1･1）。

初期整備は、開園前の 2021 年 3 月に、市内の工務店と住民が協働して開催したワークショップを通じて行われた。公園内に堆積していた落ち葉を腐葉土として活用したり、畑の木枠や切り株ベンチの製作・設置を行ったりした。初期整備に関する費用は神戸市の予算から拠出されている。

学びの広場の利用者募集は半年ごとに行われ、利用者は月 3,000 円の「共益費」を先払いで支払う。この共益費から、農家への報酬や水道代、事務局経費が賄われている。基本的な農機具は備えられているが、種苗やカマ、ハサミなどの細かな道具は利用者自身が用意する。利用更新は半年ごとに行われ、希望者は基本的に継続利用可能である。

環境や美観への配慮も重視されており、雨水を集める設備や堆肥作り用の木枠の設置などの設計の工夫に加え、野菜は農薬を使用せずに栽培すること、ビニール袋等は農園に残さないこと、利用希望者は週に1度は来園すること、農家が来る月2回の活動日のうち1度は来園することなどがルールとして定められている。

こうした義務はあるが、2021年2月中旬から行われた初回募集により、先着定員の15組ほどの枠は2021年4月の利用開始前にすべて埋まった。利用者の8割程度は徒歩で来られる距離に居住しているという。

ストックを活かした公民連携の地域再生

民間企業の知恵を活かし、低利用となっていた公園に近隣住民がまとまって定期的に訪れる農園を導入する。公園という地域のストックを活用したコミュニティ形成を図る平野コープ農園は、人口減少時代において公民連携で地域再生を目指すうえで参考になる事例だろう。

CASE.3

まちの小さな隙間をゲリラ的に使う

レンゲンフェルトガルテン

(オーストリア・ウィーン市)

現地語表記	Längenfeldgarten
土地所有	ウィーン市
運営者	近隣住民など
設立時期	2010 年
財源	参加費（75 ユーロ / 年）
面積	1,000 m^2（5 m^2 × 15 区画）

所有者の許可を得ないゲリラガーデニング

都市型農園は、しばしば土地所有者の許可なしに生み出されることがある。その一例が、ウィーン市12区、地下鉄4・6号線の線路とウィーン川に挟まれた公園にある「レンゲンフェルトガルテン」(Längenfeldgarten) である。2010年にウィーン市の許可を得ることなく市民が設立した“ゲリラガーデン”だ。

レンゲンフェルトガルテンにガーデンを最初につくり始めたのは、「ククマ」(KuKuMA: Kunst-, Kultur- und Medien Alternativen) と呼ばれるネットワークの参加者だとされる。ククマは、芸術・文化・メディア面から資本主義や階層主義に対抗するためのプロジェクトを立ち上げようとする活動で、「主催者」と「消費者」の壁を壊し、参加型プロセスを重要視していることから、ゲリラガーデニングが手法として合致したとみられる。所有者である市から土地の利用が正式には認めていられないものの、結果的にその存在が近隣住民に良い影響をもたらしていると肯定的に捉えられ、警察や市の公園局も問題視していないという。

ストリートカルチャーのなかで育まれる空間

スケートボード用の施設（スケートパーク）とバスケットボールコートから成る公園の脇にある、かつて草地だった敷地が、レンゲンフェルトガルテンにおけるガーデニングの場だ（写真1・6、1・7）。敷地内には5 m^{2}の区画が15カ所のほか、共用とみられる区画もあり、それぞれに花や野菜が植えられている。周りの壁はグラフィティが目立ち、ストリートカルチャーらしい空間ができあがっている。

実際の利用者は個々に活動しており、必ずしも面識がある人ばかりではないようだが、意欲の高いコアな利用者のグループが、土壌や道具などの整備・調達や夏場の水やりなどを担当すること

写真 1･6　公園を入口から見通す。手前がスケートパークで奥にガーデンがある（筆者撮影）

写真 1･7　花や野菜が植えられた区画。柵の向こうにはウィーン川が流れている（筆者撮影）

写真1・8　周辺から流れ込む水や雨水を貯めるタンク。壁はグラフィティで埋め尽くされている（筆者撮影）

で、運営が賄われている。水やりにあたっては水道のほか、周囲から流れ込む水や雨水を貯めるタンクの水も利用されている（写真1・8）。

土地を自分たちに取り戻すための脱法的活動

欧米では、グローバル化・新自由主義が支配する社会に対抗する政治的な運動として、ゲリラガーデニングがしばしば捉えられる。土地を自分たちの手に取り戻す、という感覚が得られるからだろう。

こうした脱法的な活動を自治体が認めるのは日本的な感覚ではなかなか理解できないところもあるが、よい効果は素直に認めるというその柔軟性に学んでよい部分もあるかもしれない[4)]。

CASE.4

未利用の民有地を民間主導で活用する

ラファイエット・グリーンズ

（米国・デトロイト市）

現地語表記	Lafayette Greens
土地所有	デトロイト市
運営者	グリーニング・オブ・デトロイト（NPO）
設立時期	2011 年
財源	コンピュウェア株式会社の出資、グリーニング・オブ・デトロイトの資金、イベント参加費など
面積	約 1,720 m^2

高層ビルに囲まれたオアシス的空間

「ラファイエット・グリーンズ」(Lafayette Greens) は、米国ミシガン州デトロイト市内のゼネラルモーターズ本社のあるルネサンス・センターから1kmほど歩くとたどり着く、高層ビルに囲まれた都市型農園である。約1,720 m^{2}の土地に並ぶのは35個の「レイズドベッド」(立ち上げ花壇) であり、花や野菜、果物、ハーブがボランティアにより栽培されている。また、近隣の保育園のために子どものためのガーデンも備えられている (図1･2)。

ここで栽培された収穫物はフードバンクや難民救済施設に寄付される。夏季の平日9～17時には誰でも入ることができ、休息場所として使うことができる。ボランティアによる定例作業日は

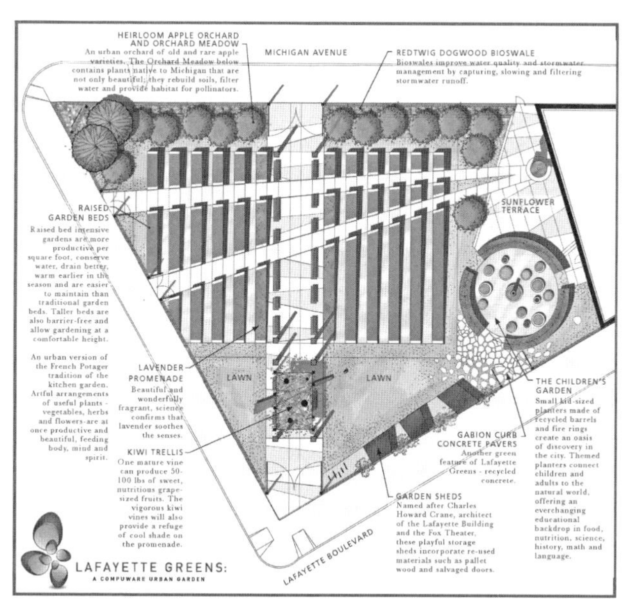

図1･2　ラファイエット・グリーンズの計画図 (Kenneth Weikal Landscape Architecture ウェブサイトより)

木曜に設定されており、ミツバチの活用やキノコ栽培について学ぶワークショップ、ヨガなどといったさまざまなイベントが実施されることもある。市街地の中心にありながら自然とつながることができる、貴重なオアシス的な空間になっている。

都会の中心部に設立が進んだ企業発のコミュニティガーデン

現在ラファイエット・グリーンズがある土地にはもともと、1923年に建てられたビルがあったが、経営難により1997年に閉鎖され、2010年初めには解体された。解体の跡地に生まれた市街地の中心の広大な空き地は、市民を意気消沈させたといわれている。

ところが同年、1ブロック隣に本社ビルのあるIT企業「コンピュウェア」の創業者らが、この土地にガーデンの設立を計画し、ビル解体前の2004年に土地を買い取っていたデトロイト市と貸付協定を結んだ。

その後、近隣市のファーミントン・ヒルズに拠点を置くランドスケープアーキテクト事務所がガーデンのデザインを担当し、コンピュウェア社の社員と市民の協力を得て2011年に完成に至った（写真1・9）。雨水管理や資材再利用、生物多様性保全、有機栽培に配慮し、環境教育やコミュニティ形成も意図したこのガーデンのデザインは、2012年に米国ランドスケープ協会による専門家賞（ASLA Professional Awards）を受賞している。

その後、2014年に、ラファイエット・グリーンズはコンピュウェア社から地元の非営利団体「グリーニング・オブ・デトロイト」（The Greening of Detroit）に寄付されることとなった。グリーニング・オブ・デトロイトは、デトロイトの緑化を通じて生活の質を上げることを目指して1989年から活動している団体で、

写真 1･9　ドラム缶やコンテナに土が入れられ、植物が栽培されている（筆者撮影）

市民を活動に巻き込むことで、コミュニティエンゲージメントや教育、就労支援につなげている。

縮退都市の再生を支えた空き地の農的利用

デトロイト市では、人種間の対立の激化や、主要産業であった自動車産業の衰退に伴い、人口流出が起き、空き家・空き地の増加、高い貧困率や犯罪率が課題となった。2013 年 7 月には市は破産申請を行うほどにまで状況が落ち込み、1950 年に 180 万人を超えていた[5]人口も、2010 年 4 月には 71 万人、2021 年には 64 万人と落ち込みを続けている[6]。

一方、近年は市内への投資が復調し、スタートアップ企業の進出が進んでいる。失業率も、2011 年 1 月には 11.7% であったが、2017 年～ 2020 年 3 月ごろは 4.0% 前後にまで低下している[7]。

都市が衰退するなか、スーパーマーケットが撤退し、食料品が買えない「フードデザート」（食の砂漠）状態に陥り、また高い失業率が表すように仕事を求める者が増えた。こうした過程で市の復活を支えてきたのが、空き地の農的利用である。

大量に発生した郊外の空き地は、1970年代ごろから都市農業や農的活動（コミュニティガーデニングなど）に積極的に活用されてきた。例えば1975年には、アフリカ系米国人初のデトロイト市長（当時）が「ファーム・ア・ロット」（Farm-A-Lot）プログラムという施策を実施した。これは、1区画（9 m × 12 m程度）を希望する市民に1ドルで貸し出し、野菜や花の種を提供して耕してもらうという施策である。

不況と市の財源不足によりプログラムは2000年代に破綻したが、空き地を耕し、食べ物をつくる重要性に気付いた市民を生み出した。そうした市民のなかには、NPOを設立し、コミュニティガーデンやフードバンクをつくるなど、空き地の都市型農園化に本格的に取り組むようになった人々がいる。自らが空き地を耕したり、収穫物をほかの市民に届けたりすることを通じて、都市住民が草の根的に都市を支えていくこととなったのである。

都市農業を促進する環境整備

その後、市民が低予算で都市農業や農的活動を始められるよう、行政側も環境整備に取り組んだ。例えば2013年には、デトロイト市は「都市農業条例」（Urban Agriculture Ordinance）を制定した。これは市民による住宅地内の土地の農的利用を認可するもので、コミュニティガーデンや、本格的に農業を行う「アーバンファーム」（urban farm）の設置が条件付きで認められた。さらに、そうしたガーデンやファームで収穫された物の販売も認められるなど、空き地での都市農業や農的活動が合法化された。

また2014年には、市の外郭機関である「デトロイトランドバンク」(Detroit Land Bank Authority)[8]が「隣地プログラム」(Side Lot Program)[9]を開始し、住民が所有する不動産に隣接する場所にランドバンク保有の空き地があれば、その住民に対して100ドル(約1万円)で販売する取り組みを始めている。

なお、新規に都市農業を始める人の困りごとに関しては、先に述べたグリーニング・オブ・デトロイトから2013年に独立して創設された民間の団体「キープ・グローイング・デトロイト」(Keep Growing Detroit)が、種や苗の提供、土壌検査、知識の提供などを通じて支援している。

草の根的な活動に対する行政の役割

社会が危機に陥るとともにゲリラ的な農的活動が盛んになる現象は、実は歴史的にも繰り返されている。土と種と水があれば生きるのに必要な食料をつくることができ、育つ植物の姿に元気と活力をもらうことができるためだろうか。荒れた土地が、人の手が入った美しい景観の空間に変わることは、都市再生の機運を高めることにもつながっているはずだ。

デトロイト市では、市民や企業が都市農業や農的活動に取り組み、それを自治体が土地提供の形で支える構図が見て取れた。衰退都市において誰よりも当事者なのはそこに暮らす人々であり、彼らが立ち上がらなければ都市も再興しない。そうした草の根的な活動が起きた時に、その意義を認め、土地の利用規制や賃貸借・売却の仕組みを速やかに整えていくことが、行政には求められる。都市農業や農的活動だけでは都市の完全な復興には至らないが、農が入る余地を都市のハード面・ソフト面で残しておくことは、市民のためのセーフティーネットとして重要である。

CASE.5

住宅地内の農地を住民の居場所に変える

せせらぎ農園

（東京都・日野市）

土地所有	農家
運営者	まちの生ごみ活かし隊（市民団体）
設立時期	2008 年
財源	日野市からの委託金・地域住民からの生ごみ回収料・イベント売上金等
面積	3,100 m^2

生産緑地で営まれてきた
援農型のコミュニティガーデン

「せせらぎ農園」は、2008年の設立以降、「援農」という形で近隣住民の大切な場として利用されてきた都市型農園である。敷地がもともと生産緑地地区指定を受けた土地であり、土地所有者である農家による耕作が義務付けられた農地であったことから、都市住民が農家を手伝う形で活動が続けられてきた。

畑部分の敷地約2,650 m^{2}は、以前は個人区画もあったが、いまはすべて共同耕作の区画となっている（図1・3)。水田地帯であった地域の歴史を踏まえ、2015年には10年以上畑になっていた向かいの土地470 m^{2}を地主とともに水田として復活させ、米作にも取り組むなど、農園の活動の幅を広げている。

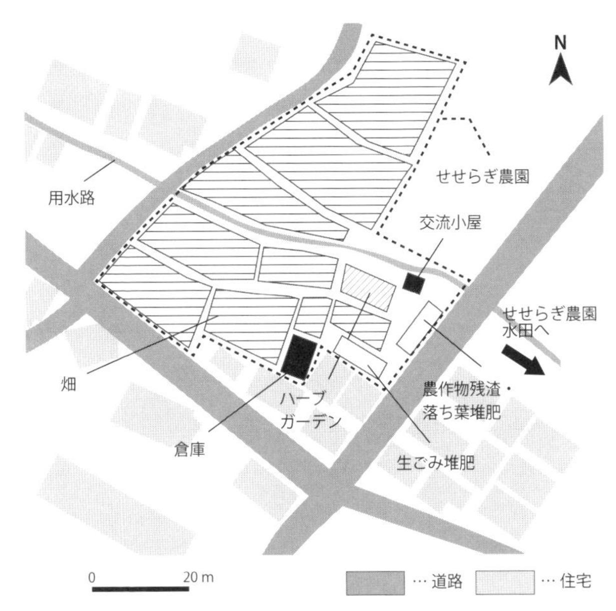

図1・3　せせらぎ農園の見取り図（筆者作成）

地域の生ごみを活用した栽培

せせらぎ農園の特徴の1つが、生ごみを活用した野菜やハーブの栽培である。2022年3月までは、週3日の活動日のうち、2日は周辺住宅地の約180世帯から軽トラックで収集した生ごみを直接土にすきこみ、一定の時間が経って十分発酵した土壌に植え付けを行っていた（写真1･10）。どこに生ごみを投入するかは、作付計画と一緒にあらかじめ計画されていた（写真1･11）。

現在は、農園内の木枠に近隣住民が自主的に持ち込む形で生ごみを集め、堆肥化し、農園の土づくりに活用している。収穫物は農作業に参加した人々で等しく分け合い、時には農園内での料理にも使うほか、活動日には一緒にランチをとり[10)]、楽しく語り合う時間が設けられている。

生ごみの活用は、農園の誕生とも深く関係している。のちに設立者となる佐藤美千代氏が日野市に移り住み、2004年に生ごみ活用の普及を目指す市民団体「ひの・まちの生ごみを考える会」で活動を始めたことがその端緒だ。同会は、日野市ごみゼロ推進課や、障害者支援を行う「NPO法人やまぼうし」と連携し、市内の牧場で、生ごみと牛糞の混合堆肥をつくる事業を始めたものの、2008年10月に牧場が閉鎖。そこで次なる取り組みとして農地での生ごみ利用に乗り出すべく、NPO法人やまぼうしが以前から利用していた農地に開設されたのが、せせらぎ農園なのである。

環境を守りコミュニティも育む活動

せせらぎ農園の活動日には、毎回10～20人程度の利用者が集まる。活動の財源は、生ごみの巡回回収を行っていた2021年度までは日野市ごみゼロ推進課から支払われている生ごみ処理の委託金が中心であった。そのほか、生ごみ回収世帯から集めてい

写真 1・10　軽トラックで収集した生ごみを下ろす様子（筆者撮影）

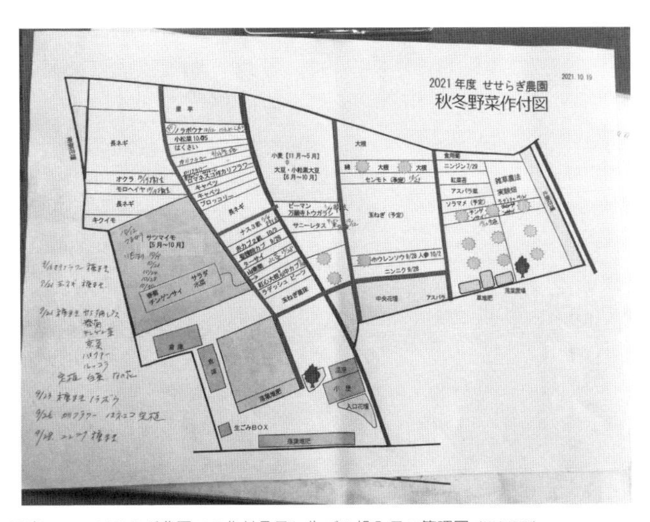

写真 1・11　せせらぎ農園での作付品目と生ごみ投入日の管理図（筆者撮影）

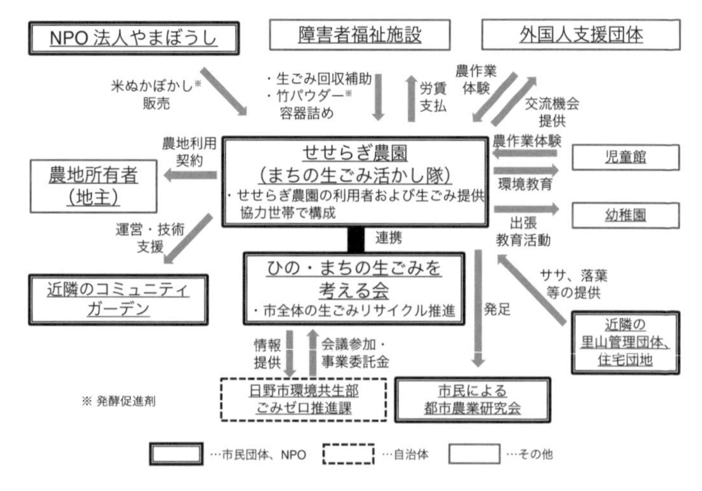

図 1･4　せせらぎ農園をめぐる主体関係図

た 2,000 円の年会費、それにイベントでの農作物や加工品の売上金なども用いている。農園自体の参加費は徴収されていなかったが、2022 年 4 月から収穫物の持ち帰りには年会費 12,000 円または 1 日当たり 500 円の参加費が必要である。

また、地域のさまざまな主体と連携し、コミュニティの拠点となっている点も特徴だ（図 1･4）。例えば障害者施設には、生ごみの発酵を促進する竹パウダーを容器に詰める作業や、過去には生ごみの回収などを有償で依頼しているほか、近隣の保育園や小学校には、子どもたちに農園での植え付けや収穫体験を提供している（写真 1･12）。

さらに、生ごみだけでは水分が多すぎて発酵がうまくいかなくなるため、水分調節のため、近隣団地や公園で集められた刈草や落ち葉を提供してもらい利用するなど、地域のバイオマス活用にも貢献している。

写真 1・12　近隣の保育園から子どもを招いてジャガイモの植え付け体験を提供（筆者撮影）

生産緑地を借りて活用する可能性

Prologue で触れたように、都市農地貸借法の制定で、生産緑地地区指定されている農地を、活用したい市民団体などが借りやすくなり、必ずしも「援農」という形式に縛られる必要はなくなった。せせらぎ農園をはじめとする先行事例は、活動の目的や意義を説明し、所有者である農家の理解を得るうえでも助けになるだろう。

CASE.6

再開発と保全のバランスを設定する

クラインガルテン発展計画

（ドイツ・ベルリン市）

現地語表記	Kleingarten
土地所有	ベルリン市・私有地
運営者	ベルリン市・ドイツ鉄道株式会社など
設立時期	19 世紀末
財源	賃料・税金など
合計面積	2,902.65ha（878 施設・70,957 区画 [11]）

クラインガルテンをめぐるルール

日本の市民農園のルーツにあるとされる、ドイツの小屋付き貸農園「クラインガルテン」については、Prologueで簡単に紹介した。ここでは、都市開発という視点からみた位置付けについて踏み込んで解説したい。まず、ドイツ国内でクラインガルテンが都市計画的にどのように扱われてきたのか、関係するルールについて簡単にまとめよう。

クラインガルテンを規定する法律と規則

クラインガルテンの定義や形態、利用方法、賃貸契約などについて規定しているのは、「連邦クラインガルテン法」である（表1·1）。これは、クラインガルテンの利用者を不当な解約や賃料から守るため、1919年に制定された賃貸契約についての法律[12]の流れを汲んで1983年に制定・施行された法律だ。これに基づかない施設はクラインガルテンと認められない。

さらに、より細かな契約や解約手続き、形態（垣根の高さなど）、利用方法（静かにすべき時間など）については、「ガルテン規則」（Gartenordnung）という都市や地区、施設ごとに定められた規則に従う必要がある。また、各施設にはクラインガルテン協会という利用者から成る組織が存在し、施設の管理を担っている。

クラインガルテンの存在を守る都市計画・土地利用計画

一方、クラインガルテン施設の存在を守るのは、道路境界線や建築線について規定する地区詳細計画（Bebauungsplan）[13]や市町村スケールのマスタープランに相当する土地利用計画（Flächennutzungsplan）だ。これらの計画上でともに「緑地－クラインガルテン」とされていれば、計画を変える手続きを取らない限り、クラインガルテンからほかの土地利用に転用することは

表1・1　連邦クラインガルテン法（2006年9月19日改正版）の定める内容の概要（筆者作成）

セクション1	一般的な規定
第1条	クラインガルテンの定義
第2条	クラインガルテンの非営利性
第3条	クラインガルテンと小屋
セクション2	クラインガルテンの賃貸借について
第4条	クラインガルテンの賃貸借
第5条	賃貸借に係る賃料
第6条	賃貸借の契約期間
第7条	契約終了方法（書面に限定）
第8条	貸主が通知期間を遵守せずに契約終了できる場合
第9条	貸主が通常の契約終了できる場合
第10条	中間賃貸借契約（仲介者との契約）が終了する場合
第11条	借主に対する契約終了時の補償
第12条	借主が死亡して契約終了する場合
第13条	規定から逸脱した契約の無効性
セクション3	恒久的なクラインガルテン
第14条	賃貸借契約が解除された場合の代替用地の提供と調達
第15条	土地収用によるクラインガルテン賃貸借の正当化
セクション4	暫定的および最終的な規定
第16条	既存の市民農園に対する本法律の適用（以前のクラインガルテン法からの移行）
第17条	本法律施行前に付与されたクラインガルテンの非営利性に関する暫定的な規定
第18条	すでに建てられた小屋に関する経過措置
第19条	都市国家（都市州）に関する条項　※ハンブルクを自治体とみなすということ
第20条a	東西ドイツ統一に係る経過措置
第20条b	加盟地域（旧東ドイツの州）における中間賃貸借に係る特別措置
第21条	※削除
第22条	法律の発効

原則としてできない。

以上のように、利用者に対しても都市計画行政に対しても、法制度や計画によるルールづくりが行われているのが特徴である。

近年、数を増やしているコミュニティガーデンと比べ、歴史の長いクラインガルテンに関しては、利用者も土地も、より守られた存在であるといえる。

開発需要の高まりを受けた新しい計画の策定

急激な人口増加と再開発の波

ドイツの首都ベルリン市は、2000年頃から人口が増加の一途をたどり、当初は333万であった人口が2019年には375万にまで伸びている。特に2011年から2018年にかけてはその増加ペースが加速し、毎年5万人程度も住民が増えている[14]。こうした背景もあって、市内には再開発の波が押し寄せ、地価・家賃が高騰したことから住民らの生活は脅(おびや)かされている。2019年6月には5年間の賃料増加を禁止する家賃上限法の法案が可決されることにもなった[15]。

都市が拡大する前は縁辺部だった土地につくられたクラインガルテンの立地は、今や都市内部の便利な地域となっている。19世紀末から残ってきた市民のための貴重な緑地とはいえ、住宅やインフラ整備のための用地が求められるなかで、開発用地とするには格好の土地である。こうしたなかで、都市計画行政はクラインガルテンに関してどのような方針を持っているのだろうか。

ベルリン市が定めた保護分類とその見直し

ベルリン市では2004年から「クラインガルテン発展計画」（Kleingartenentwicklungsplan）を定め、そのなかで既存のクラインガルテンをその保全状況にもとづき分類してきた。すなわち、保全されるクラインガルテン、時限付きで保全されるクラインガルテン、開発に供されるクラインガルテンに分けて整理したものである（表1･2）。

しかし、開発圧力が高まり、クラインガルテンの用地も論争の的になってきたことを受けて、2015年に計画の見直しが発表され、2020年に新しい「クラインガルテン発展計画2030」が発表された。直接的な法的拘束力を持つものではないが、保護のための分類が改められたのである（表1･3、1･4）。

表1･2　初代のクラインガルテン開発計画におけるクラインガルテン保全階級（ベルリン市によるクラインガルテン発展計画より筆者作成）

階級		土地所有	説明
Va	恒久クラインガルテン（地区計画上の恒久クラインガルテン）	ほぼ公有地	恒久的に保全されているもの ※地区計画上で恒久的クラインガルテンとなっているものはVa、地区計画上では違う土地利用であっても土地利用計画上で緑地となっており、かつ、連邦クラインガルテン法に則り「仮の恒久クラインガルテン」として認められる公有地のものがVb
Vb	仮の恒久クラインガルテン（土地利用計画上の緑地）	公有地	
IV	その他のクラインガルテン（土地利用計画上の緑地）	ほぼ私有地	大いに保全されているもの ※私有地にあり、土地利用計画上でクラインガルテンと示されているものが該当。公有地のものに関しては、連邦クラインガルテン法の施行後に設立されたものを指す
III a	仮の恒久クラインガルテン（土地利用計画上の建設用地、2014年までの保護期限付き） ※2010年の見直しにより2020年までに延長	公有地	時限付きで保全されているもの
III b	仮の恒久クラインガルテン（土地利用計画上の建設用地、2010年までの保護期限付き）	公有地	
III c	仮の恒久クラインガルテン（土地利用計画上の建設用地、2004年までの保護期限付き）	公有地	
II	仮の恒久クラインガルテン（土地利用計画上の建設用地、保護期限なし）	公有地	条件付きでのみ保障されているもの
I a	その他のクラインガルテン（土地利用計画上で建設用地）	私有地	保障されていないもの
I b	その他のクラインガルテン	私有地（ドイツ鉄道株式会社）	その他のクラインガルテン

見直しによって示された開発可能性

初代の「クラインガルテン発展計画」では、「保全階級」(Sicherungsstufen)と呼ばれる分類によって、建築物の形態や用途、地区詳細計画や土地利用計画上での位置付け、および、土地所有者によってクラインガルテン施設が仕分けされていた[16]（表1·2)。あくまで、各クラインガルテン施設の当時の状況、すなわち各種の土地利用規制や所有者の権利を手がかりに、保全されるものなのかそうでないのかを整理したものだった。

それに対して「クラインガルテン開発計画2030」では、分類が「開発カテゴリー」(Entwicklungskategorien)に変わり、保全されるべきなのか、それとも開発されてもやむをえないものな

表1·3　クラインガルテン開発計画2030における開発カテゴリー（ベルリン市クラインガルテン発展計画2030より筆者作成）

カテゴリー		土地所有	説明
1E	代替地	公有地、私有地	（クラインガルテン施設が閉鎖された場合の）代替地、地区計画にて示す必要あり
1	恒久的に保全されるクラインガルテン	公有地、私有地	・恒久クラインガルテン ・土地利用計画上で緑地とされる仮の恒久クラインガルテン ・公有地であり土地利用計画上で緑地とされるクラインガルテン
2	恒久的に維持されるべきクラインガルテン、ただし措置を必要とするもの	公有地、私有地	・土地利用計画上では緑地であるが古い地区計画または建築用途計画では異なる決定がされている公有地のクラインガルテン ・土地利用計画上で緑地とされる私有地のクラインガルテン
3	期限付きで利用される見込みのクラインガルテン	公有地	土地利用計画上で建設用地となっているか、建設権の与えられた公有地のクラインガルテンのうち、2030年までは建設が予定されていないもの
4	クラインガルテンの建設目的での開発	公有地	2020年の保護期限の後に他の利用に供される公有地のクラインガルテン
5	その他のクラインガルテン	私有地	建設用地にある私有地のもの
6	一世帯用独立住宅地区または保養施設への変更	公有地、私有地	建設用地として固定されたクラインガルテン

表 1·4　クラインガルテン保全階級・開発カテゴリーの対照表　（ベルリン市クラインガルテン発展計画およびクラインガルテン発展計画 2030 より筆者作成）

クラインガルテン保全階級	開発カテゴリー
	1E 代替地
V a 恒久クラインガルテン（地区計画上の恒久クラインガルテン）	**1** 恒久的に保全されたクラインガルテン
V b 仮の恒久クラインガルテン（土地利用計画上の緑地）	
IV その他のクラインガルテン（土地利用計画上の緑地）	
V b 仮の恒久クラインガルテン（土地利用計画上の緑地）	**2** 恒久的に維持されるべきクラインガルテン、ただし措置を必要とするもの
IV その他のクラインガルテン（土地利用計画上の緑地）	
III a 仮の恒久クラインガルテン（土地利用計画上の建設用地、2020 年までの保護期限付き）	**3** 土地利用計画上で建設用地となっているか、建設権の与えられた公有地のクラインガルテンのうち、2030 年までは建設が予定されていないもの
II 仮の恒久クラインガルテン（土地利用計画上の建設用地、保護期限なし）	**4** クラインガルテンの建設目的での開発
I a その他のクラインガルテン（土地利用計画上で建設用地）	**5** その他のクラインガルテン
I b その他のクラインガルテン	
III a 仮の恒久クラインガルテン（土地利用計画上の建設用地、2020 年までの保護期限付き）	**6** 一世帯用独立住宅地区または保養施設への変更
V b 仮の恒久クラインガルテン（土地利用計画上の緑地）	

のか整理された（表 1·3、1·4）。従来のように保全が前提ではなく、開発政策と両立させていくことに軸が置かれたと解釈できる。

開発と保全を両立させるための評価項目

新たな計画ではさまざまな視点からクラインガルテンの評価もなされた。具体的な評価の観点は以下の４つで、透明性の確保のため評価の結果は地図データとしてオンラインでも公開されている。

①土壌の保全価値
②住宅近接の緑地の供給
③周辺の人口
④都市気候の観点からの保護価値

①については、都市環境についての80項目以上の調査結果「環境地図」(Umweltatlas) が用いられている。具体的には、土壌の保護価値についての地図を用い、クラインガルテンの立地を重ね合わせて、守る価値がある土壌かどうかについて評価がなされた。

②でも環境地図が活用されており、「住宅に近接する緑地」かどうかを緑地分布の地図を用いて判断し、クラインガルテンから500m以内にどれだけ緑地があるかに着目して評価がなされた。これにより、ほかの緑地が不足する過密な住宅地にあるクラインガルテンほど、価値があるとされた。

③については、クラインガルテンから1km圏内の人口が計算された。徒歩圏内に多くの人が住んでいるほど、アクセスが良く、利用のポテンシャルが高いクラインガルテンであると評価された。

④についても環境地図の結果が用いられ、クラインガルテンが冷気の通り道[17]をつくる空間の一部となっているか、立地する住宅地は熱環境に問題を抱えているかなど、換気や気温の観点から評価された気候モデルを用いて評価がなされた。温暖化への対策としてクラインガルテンが位置付けられていることが見て取れる。

保全に向けた可能性

こうした計画の変遷からもわかるように、もともと保全志向の政策や制度が整えられているとはいえ、都市開発の波のなかでは、クラインガルテンは基本的に減少が避けられない傾向にある。クラインガルテンが閉鎖される場合、「代替地」（Ersatzflächen）が用意される場合もあるが、必ずしも用意できるわけではなく、大きな既存区画を分割するのも難しいため、残存するクラインガルテン施設の空き区画をなるべく利用することが望ましいとされている[18)]。

一方で、クラインガルテンに関連する自治組織は、ロビー活動を行うなどして開発の圧力に対抗している。連邦レベルのクラインガルテン協会も、ベルリン市による改訂版クラインガルテン発展計画の策定の際、クラインガルテンの存在意義を確かめる調査を実施し、結果の提供を行うなどしている。また、新型コロナウイルスの蔓延下においては、健康的に屋外で過ごせる農園の需要がドイツでも高まったため、クラインガルテンの重要性が再び見直される可能性もある。

人口集中都市における緑地保全に向けた示唆

以上のようにベルリン市は、既存の都市計画制度や環境調査の結果を用いながら、根拠に説得力のあるクラインガルテンのための計画を作成し、どこから開発を進めるかについて戦略的に検討している。全体としては人口減少下にある日本でも、一部の都市では人口集中が続いている。開発が要請される地域において、都市型農園を含む緑地の保全とのバランスを取る方策を見出すうえで、ベルリン市の事例は参考になるのではないだろうか。

CASE.7

都市緑地計画に位置付けて 環境保全・農業振興と両立させる

クラウトガルテンとグリーンベルト計画

（ドイツ・ミュンヘン市）

現地語表記	Krautgarten・Grüngürtel
土地所有	ミュンヘン市・私有地
運営者	ミュンヘン市・農家
設立時期	1999年
財源	利用料・税金など
合計面積	6.2ha（25ヵ所・1,521区画[19)]）

環境にやさしい農業のためのグリーンベルト

グリーンベルトとは

ドイツ南部の大都市ミュンヘンに普及している「クラウトガルテン」(Krautgarten) は、都市住民向けの区画貸農園である。日本の市民農園に似た比較的新しい都市型農園の形態だが、食や環境への関心の高まりからか人気を集め、その数を増やしている。

クラウトガルテンの特徴は、「グリーンベルト」の一部に位置付けられていることにある。グリーンベルトとは、市街地周辺に森林や草地、農地などで構成されている良質な緑地環境を保全し、都市住民に提供しようとする行政の施策のことである。市街地の無秩序な拡大を防ぐためにも重要とされており、ロンドンやソウル、ウィーンなどにおける取り組みが知られている[20)]。

環境保全に貢献する農業のあり方を指摘した調査

ミュンヘン市では、グリーンベルトの計画に先立って 1987 年に、市内に存在している農業経営体の形態や、今後の継続の見通しなどについての調査が実施された。その結果、市内に 125 の農業経営体が存在し、5,655 ha の農地が存在することや、そのうち 100 の農業経営体がフルタイムで農業を行っていることが判明したとされる[21)]。

調査結果ではほかに、生物多様性への影響や、緑地を農地に転用することによる湿地帯の地下水への影響、集約的農業の結果として起こる施肥や農薬による地下水汚染の危険性、単作や風食害の結果として起こる腐植土の減少、それに伴う長期的な土壌肥沃性劣化の危険性など、環境保全上の課題も指摘されている。

政策的な区画の拡大

ミュンヘン市はこの調査結果を受け、レクリエーション機会を創出しつつ、生態系や自然を保全する農業のあり方を目指して、グリーンベルト計画の中心に農業を据えた。1998年には都市計画・建築法規課から1名の農業技術者と2名のランドスケーププランナーが担当チームに選出された。市は、農業経営体にグリーンベルト計画の目的を伝えながら経営に助言を行い、協力してさまざまな事業が実施された。

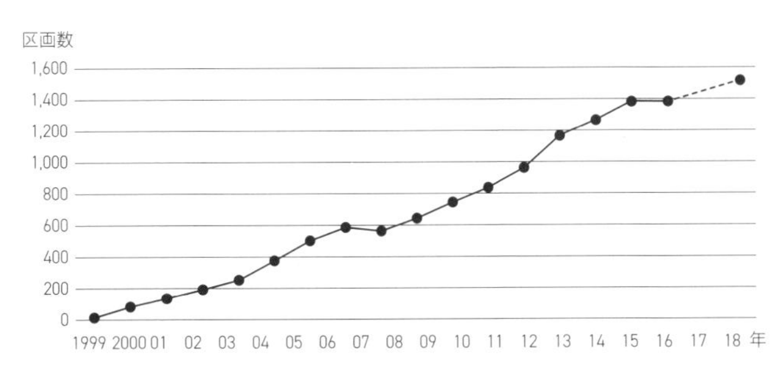

図1・5　クラウトガルテンの区画数の推移（ミュンヘン市都市計画・建築法規局緑地計画課エルンストベルガー氏提供資料より作成。2017年の値は不明のため、2016年から2018年の推移を点線で示している）

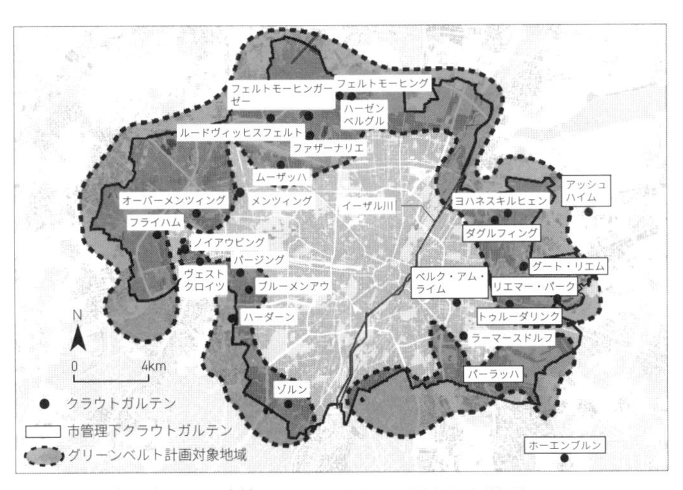

図1・6　クラウトガルテンの立地（ミュンヘン市作成地図を筆者翻訳・加筆修正）

クラウトガルテンの設立もその事業の一環で、1999年に初めて設立されたものの区画数は13だったとされる。その後、需要の大きさからほぼ毎年新たなクラウトガルテンが開設され、2018年には市内25カ所・1,521区画まで増えた（図1･5、1･6）[19]。なお、2019年にも2カ所開設されたが、その後1カ所閉鎖されたようで、2022年2月時点では25カ所に戻っている。

クラウトガルテンの仕組み

土地利用

クラウトガルテンには基本的に農地が用いられ、土壌の質と地下水の豊富さ、庭を持たない集合住宅との近接性などを重視して場所が選定される。ただし、公共施設用地などほかの種類の土地を使っている例もみられる。

なお、荒野が広がり、土壌汚染も懸念される市北東部や、地下水が深い部分に溜まっているために取水が難しい同南部は、クラウトガルテンの開設には不適とされた。また、農業経営体の側から、大型機械が入らず通常の農業がしにくい小さな土地などを使ってほしいと申し出があることもある。

面積・区画・利用料

区画当たりの面積と利用料は場所によって異なり、2022年6月時点で、市の管理下にあるものでは、30 m^2 の区画が95ユーロ/年、60 m^2 が150ユーロ/年、90 m^2 で205ユーロ/年であった。なお、2017年の筆者調査時にと比べると、30 m^2、60 m^2 区画の利用料が20ユーロずつ値上がりしており（90 m^2 については当時情報なし）、ミュンヘン市の高騰する地価を反映しているのかもしれない。

個人の管理下にあるクラウトガルテンのうち、2017年時点の現地調査にもとづけば、例えば市西部のパージングにあるものは40 m^2 が60ユーロ/年、60 m^2 が90ユーロ/年であり、同じく市西部のヴェストクロイツにあるものでは40 m^2 が70ユーロ/年、60 m^2 が100ユーロ/年だった。市のものよりは安価な印象だが、2016～2017年時点の情報のため、現在は値上げされているかもしれない。

1カ所当たりの区画数は、約60区画が自治体担当者の経験則より適当と判断されている。これはおそらく適正な管理が行き届く規模だからと思われる。

運営管理・設備

クラウトガルテンの運営管理は、市が直接執り行う場合と、個人が管理する場合に分かれる。筆者が訪れた6カ所のクラウトガルテンはいずれも立地が良く、近隣住宅からも徒歩圏内で、最寄りの鉄道駅やバス停からも徒歩10分以内でアクセスできた。市管理の3カ所では敷地がロープで囲まれていることもあったが、乗り越えられる高さであり開放されていた（写真1･13）。一方、個人管理の3カ所では敷地が乗り越えられない高さの針金の塀で囲まれ、施錠もされており、利用者以外は入れない状況となっていた（写真1･14）。よって、市が運営しているものの方が公共性の高い緑地になっていたといえる。

区画貸出に際しては、区画の敷地はすべて野菜、果物、または花の栽培に使用することが義務付けられる。この点、規制範囲内であれば建築物を設置でき、最低耕作面積も区画面積の3割であるクラインガルテン（CASE.1参照）とは異なっており、まさに日本の市民農園のイメージに近い。

区画は管理者によってあらかじめ土壌改良が行われ、苗や道具も準備される。農薬や化学肥料が禁止されているとはいえ、クラ

写真 1・13　誰でもアクセスできる市管理のクラウトガルテン。トマトやキャベツ、タマネギなどが栽培される畑が広がり、建築物はない（筆者撮影）

写真 1・14 「私有地：会員のみ！」と書かれ、利用者のみが入れる個人管理のクラウトガルテン。柵に囲まれ鍵がかかっている（筆者撮影）

ウトガルテンに利用される以前に通常の農地であった場合は、当時の農薬や化学肥料が土壌に残留している可能性もあるため、完全な有機農作物ができるとは限らない。

水道は通っていないことが一般的だが、南部のゾルンでは隣接するスポーツ施設の水道を利用したり、地下水が豊富な西部のある場所では井戸を整備したり、同じく西部のブルーメナウでは隣接するクラインガルテンの水道を利用したりしているという。

緑地・農地保全の意義を伝える発信への注力

ミュンヘン市の都市計画・建築法規局緑地計画課では、クラウトガルテンに関する広報活動に力を入れている。イベントの開催やフライヤーの作成（図1・7）、プレスリリースの配信、セミナー開催や研究活動への協力、ほかの都市型農園関係者とのネットワーキングなど、その取り組みは多岐にわたる。

グリーンベルトは市街地の開発が広がりすぎないよう抑える役目を担うものの、結局は開発圧力が優勢となり、グリーンベルトの規制を解除する地域が出ることが複数の国で問題となっている。ミュンヘン市においてはクラウトガルテンという利用型の緑空間の創出、また積極的な広報で農業経営者や都市住民から事業への理解を得ようとする努力によって、市民も緑地や農地の重要性を肌で感じることができる。これにより、市民のグリーンベルトへの理解を深め、開発需要に圧されないための基盤をつくっていると考えられる。

実際、区画数の増加とウェイティングリストの存在は、クラウトガルテンが一定程度の都市住民に受け入れられていることを示している。市の担当者によると、開設して1年目から全区画が利用されることが多く、約50名が区画の空きを待っている農園もあるという。

自分だけの農園を持つことで、たくさんの市民が夢を叶えています！

自治体のプロジェクト「ミュンヘン市民農園」では、有機栽培のお野菜などの栽培から収穫まで、市民の皆様をミュンヘンの施設がお手伝いします。市営 Gut Riem は市民農園を作っており シーズン中貸出しています。

ミュンヘン市民農園は、農家とミュンヘン市民、自治体と都市計画建築条例部門の共同キャンペーンです。ミュンヘンの農地の持続可能で将来性のある自然は保全振興されなければなりません。

さらにご質問がありますか？

野菜の育て方についてのすべての質問に、Gut Riem の、野菜栽培に特化した庭師、クラインウーダーさんが喜んでご案内いたします。

お問い合わせはドイツ語のみとなりますので、あらかじめご了承ください。

E-Mail-Adresse:
krautgarten@stadtgueter-muenchen.de

または

市民農園電話番号
089 93939414
月曜日13時から17時まで

Fax: 089 94379250

Landeshauptstadt München
Kommunalreferat
Stadtgüter München
Freisinger Landstraße 153
80939 München

www.muenchen.de/krautgarten

Fotos: Georg Szabo Photography, Kommunalreferat
Druck: Stadtkanzlei
Gedruckt auf 100 % Recyclingpapier
Stand: 2016

Raum und Ressourcen für München

Landeshauptstadt
München
Kommunalreferat

Stadtgueter　市営不動産管理課

ミュンヘン市民農園

自分で育てて収穫しませんか

市民農園を始めてみませんか？

私たちの市では毎年新しく市民農園の区画が貸し出されています。毎年12月31日までに次のシーズンの区画を予約申し込みすることができます。申込用紙はこのパンフレットについています。申込の結果は、翌月1月中にお知らせいたします。区画の引き渡しは4月末に順次行われます。11月中旬には区画を片付けて、Gut Riem にご返却ください。申込は誰でも、未経験でもできます。土いじりをしているうちにお互いに学ぶことができます。国や言葉の境界を越えて、おしゃべりしているうちに、庭いじりやお料理の経験談を交換しているでしょう。世代を超えてお隣同士せっせと行きかうでしょう。子供たちは収穫を喜び、自然を体験することができます。

市所有のミュンヘン市民農園は下記の場所にあります：
- Gut Riem, イザールラント通り (Isarlandstr)
- Berg am Laim, St. ミヒャエル通り (St.Michael-Str)
- Gronsdorf, リーマー公園 (Riemer Park)
- Perlach, アーノルド＝ゾマーフェルト通り (Arnold-Sommerfeld-Str)
- Trudering, カルプフェン通り (Karpfenstr)
- Hohenbrunn, フーベルトゥス通り (Hubertusstr)
- **Dagling**, シュテグミュール通り (Stegmühlstr)

区画はどのくらい大きいのですか?

区画面積は 30 m² か 60 m² です。60 m² ではおよそ200 kg のお野菜の収穫が見込めます。さらに大きな区画もご要望次第で可能です。30 m² はシーズン毎に 75 ユーロ、60 m² は 130 ユーロです。

区画には引き渡しの時既に植物が植えられているのでしょうか。

90 % の区画が耕されており、残りは自由になります。一度刈り取られていたら、次も続くでしょう。Gut Riem によって前もってじゃがいも、赤ベーテ、にんじん、パースニップ、玉ねぎ、ホウレンソウ、インゲン、ラディッシュと赤大根が植えられています。区画引き渡しの際、さらに区画に見合った量の若い植物をご自分で植える用にお渡しします。

庭造りの類気を付けることはなんでしょう？

管理は有機栽培的な園芸の有機土壌ガイドラインに従って行われます。鉱物質肥料や化学的な植物保護材は、決まった若い植物、土と種にはご利用になれません。30 m² の区画の農地には週少なくとも2、3時間をかける必要があります。あなたにはご自分の区画の世話をする責任があります。市民農園は農地における庭園の元来の形であり、好まれる有機的な野菜を工面するのに役立ってきました。そのため個人庭園や滞在型市民農園（クラインガルテン）に時折見られるようなレジャー施設や遊び場などがありません。農業用の地区には作物が植えられているため、固定の建築物を作ることができません。Gut Riem が農具などの基本設備（鍬やじょうろなど）とまた植物のための水を用意しています。

図 1・7　2014 年発行のクラウトガルテンのフライヤー（日本語版）。多言語で情報が提供されていた。最新の 2017 年版はドイツ語のみ（ミュンヘン市ウェブサイト公開資料）

都市型農園を含む広域緑地計画への期待

日本の自治体も緑地保全の方針を盛り込んだ「緑の基本計画」をしばしば策定しているが、農地について言及しているものはまだ多くない。2017年の都市緑地法の改正により、緑地の定義に農地が明記されることとなり、同法の運用指針においても市民農園やコミュニティガーデン（国土交通省は「コミュニティ農園」と表現）、福祉農園等も保全すべき農地の対象とされるようになった[22)]。クラウトガルテンを取り入れたミュンヘン市のグリーンベルト政策のように、都市型農園を有効的に位置付けた緑の基本計画の登場が望まれる。都市の二極化が進み、縮小する都市もあれば拡大する都市もあるが、どちらにおいても広域緑地計画は重要になってくるはずだ。

例えば前者では人口減少に伴うインフラ効率化の必要性から、コンパクトシティ政策が注目を集めているが、市街地が集約化される過程で空いていく地域にグリーンベルトを計画することがオプションの１つになりうる。綺麗に縮退せず、スポンジ状に低・未利用地が発生する場合は都市型農園で埋めていくような緑地創出の戦略も描けるかもしれない。残存する住宅からのアクセスが良く、質も良い緑豊かな住宅地に変えていく好機となるだろう。

一方で、人口が集中していく都市においても、過度な都市域の拡大を防ぎ環境を保全するうえでグリーンベルトの考えが活きてくるだろう。そのなかに、人々が日常の余暇活動として利用できる都市型農園を位置付けることにより、より魅力的な都市とすることができるはずである。

補注・引用文献

1) グラフィティとは、スプレーなどを使ってトンネルや高架下の壁などの公共空間に描かれる文字や絵のことである。単なる落書きのこともあるが、社会的メッセージが高いものもある。基本的にはグラフィティを描くのは違法行為である。
2) ドイツでは自治体が車道清掃を行っており、隣接する敷地の住民等がその料金を支払うことが法的に定められている。
3) 神戸市（2020）兵庫区 地域の基礎データ（統計版）。
https://www.city.kobe.lg.jp/a56164/kurashi/activate/participate/localdata/data-hyogoku.html (2021 年 5 月 21 日 閲覧)
4) なお、本項目にて記述した内容はレンゲンフェルトガッセのウェブサイト（http://www.laengenfeldgarten.at/（2020 年 10 月 21 日閲覧））からおおむね得た情報に、2013 年と 2015 年に筆者が現地で得た情報や写真で補完したものである。2022 年現在も同程度に活動が継続しているかは不明である。
5) U.S. Department of Commerce and Bureau of the Census (1952) 1950 United States of Census of Population – Bulletin P-D17, Detroit, Michigan and Adjacent Area.
https://www2.census.gov/library/publications/decennial/1950/population-volume-3/41557421v3p2ch02.pdf (2021 年 5 月 7 日閲覧)
6) United States Census Bureau (2022) Population and Housing Unit Estimates Datasets.
https://www.census.gov/programs-surveys/popest/data/datasets.2021.List_1725564412.html（2022 年 7 月 25 日閲覧）
7) 失業率は、新型コロナウイルス感染症の影響により 2020 年 4 月に 24.6%にまで激増したが、2021 年 1 月には 5.3%に落ち着いている。U.S. Bureau of Labor Statistics (2021) Databases, Tables & Calculators by Subject – Local Area Unemployment Statistics, Detroit-Warren-Dearborn, MI Metropolitan Statistical Area.
https://data.bls.gov/timeseries/LAUMT261982000000003?amp%253bdata_tool=XGtable&output_view=data&include_graphs=true(2021 年 5 月 7 日閲覧)
8) デトロイトランドバンクについては次の論文に詳しい。藤井康幸（2015）米国デトロイト市におけるランドバンクによる地区を選別した空き家・空き地問題への対処。都市計画論文集、50(3)、1032-1038
9) Detroit Land Bank Authority, Side Lots Sales (n.d.).
https://buildingdetroit.org/sidelots/（2022 年 7 月 26 日閲覧）
10) ランチは新型コロナウイルス蔓延の影響で一定期間控えられていた。
11) 2018 年 12 月 31 日時点のデータ。Senatsverwaltung für Umwelt, Verkehr und Klimaschutz (n.d) Kleingärten Daten und Fakten.
https://www.berlin.de/senuvk/umwelt/stadtgruen/kleingaerten/de/daten_fakten/index.shtml (2020 年 1 月 25 日閲覧)
12) 具体的には、土地所有者による一方的で不当な区画賃料の値上げを禁止し、賃料の価格上限が決められた。また、問題のある私的な中間管理人制度が禁止され、土地の貸付は公共団体または認可された公益的団体しかできなくなった。以上の情報は、津端修一（1983）日本版・クラインガルテンを考える。農村計画学会誌 2(1)、36-45 による。

13)「地区計画」と訳されることもある。

14) statistic Berlin Brandenburg (2019) Einwohnerinnen und Einwohner im Land Berlin, Grunddaten,am 30. Juni 2019, halbjährlich.
https://www.statistik-berlin-brandenburg.de/Statistiken/statistik_SB.asp?Ptyp=700&Sageb=12041&creg=BBB (2020 年 1 月 24 日閲覧)

15) Spiegel Wirtschaft (2019) https://www.spiegel.de/wirtschaft/soziales/berlin-senat-einigt-sich-auf-mietendeckel-a-1273038.html（2020 年 1 月 29 日閲覧）など。ただし、不動産会社や大家らの反対にあっており、争点になっている。

16) その後、2010 年に時限付きのクラインガルテン施設については、一度評価の見直しが行われることもあった。

17) 冷気の通り道の確保は、温暖化やヒートアイランド現象によりますます高温となっていく都市の熱環境を改善するためにしばしば使われる手段である。例えば東京駅前の行幸通りでは冷気の通り道となる風の道に関する取り組みが行われている。参考：環境省（2008）皇居・皇居外苑のクールアイランド効果の観測結果について（お知らせ）。
http://www.env.go.jp/press/press.php?serial=9832（2020 年 1 月 30 日閲覧）

18) Senatsverwaltung für Stadtentwicklung (2004) Kleingartenentwicklungsplan. p.10 および Senatsverwaltung für Umwelt, Verkehr und Klimaschutz (2020)Kleingarten-entwicklungsplan Berlin 2030. pp.66-67

19) 2018 年時点のデータ。Landeshauptstadt München, n.d., Münchner Krautgärten. https://www.muenchen.de/rathaus/Stadtverwaltung/Referat-fuer-Stadtplanung-und-Bauordnung/Stadt-und-Bebauungsplanung/Gruenplanung/Muenchner-Gruenguertel/Krautg-rten.html (2020 年 1 月 26 日閲覧)

20) アマティマルコ・横張真（2004）1930 年代のロンドングリーンベルト設置時における土地所有者、政府、プランナーの動向。ランドスケープ研究、67(5)、433-438。李尚遠・佐藤洋平・畑中賢一（2000）ソウルグリーンベルト内の農地転用に関する考察―京畿道の河南市を事例として―。農村計画論文集、(19)、13-18。寺田徹・横張真・雨宮護（2008）オーストリア・ウィーン市におけるグリーンベルト政策の変遷と近年の動向に関する考察。ランドスケープ研究、71(5)、797-800 など

21) 筆者が発表した論文（新保奈穂美（2018）クラウトガルテンを含んだグリーンベルト計画の展開：ドイツ・ミュンヘン市の事例より。ランドスケープ研究、81(5)、659-662）では「フルタイムで農業を行っている 100 の農業経営体が撤退する可能性が指摘された」と記述しているが、これは筆者の翻訳ミスである。

22) 国土交通省都市局公園緑地・景観課緑地環境室（2018）都市緑地法改正のポイント。
https://www.mlit.go.jp/common/001230862.pdf (2020 年 1 月 26 日閲覧)

Chapter 2

コミュニティの課題に向けたアプローチ

CASE.8

都市計画助成プログラムを活用して地区内の生活環境を改善する

フローベンガルテン

（ドイツ・ベルリン市）

現地語表記	Frobengarten
土地所有	ベルリン市
運営者	ランドスケープアーキテクト事務所・近隣住民
設立時期	2018 年
財源	市および住宅企業からの助成金
面積	600 m²

地区の生活環境改善を目指すコミュニティガーデン

ドイツでは、地域の生活環境を改善するツールとしてコミュニティガーデンを活用するケースがみられる。2018年にベルリン市のシェーネベルク・ノルト地区に開設された「フローベンガルテン」(Frobengarten)(写真2･1)もその1つである。高い失業率、低収入、高い移民比率、売春や麻薬取引の横行といった問題を抱える地区の環境改善を目指し、自宅の庭でガーデニングを楽しむ住民が多いこの地区の交流を促進しようと設置された。

用地は、本来はプレイグラウンド(Spielplatz：遊具を主体とした公園的空間)と定められている土地だが、公園の反対側に隣接するホテルの駐車場として使用されていたため、ガーデン開設のために住民が取り戻す形となった。

設置にあたってのコーディネートは、ベルリン市に拠点を置くランドスケープデザインなどを専門とする事務所「グルッペ・エフ」(gruppe F)が担った。住民とのミーティングで収集された意見にもとづいてデザインを検討し、1〜数人で借りるレイズドベッド(写真2･2、図2･1)と、地植え型の26区画、共同の地植え型の2区画を整備している。パーマカルチャーの考えを取り入

写真2･1　住宅地の通りに面したフローベンガルテンの入口。手づくりの「FROBENGARTEN」という看板が目を引く(筆者撮影)

写真 2･2　花や野菜が植えられたフローベンガルテン内のレイズドベッド（筆者撮影）

写真 2･3　スパイラルガーデン。らせん形に中心に向かって高さを上げることで日当たりや湿度などの微気象を変え、多様な植物を植えることができる（筆者撮影）

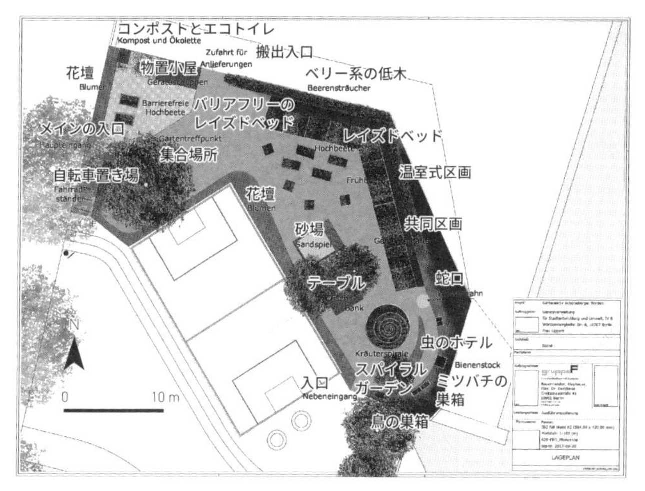

図 2･1　フローベンガルテンのレイアウト（グルッペ・エフ提供資料に著者加筆）

れた、さまざまな生育環境を生み出せる「スパイラルガーデン」というらせん形のハーブガーデンもある（写真 2･3、図 2･1）。

36 歳以下が 45％を占めるこの地区の特徴はフローベンガルテンを利用する人々の属性にも表れており、45 グループ、50 人以上のほとんどが 30 ～ 40 代の子育て世帯や学生である。国籍はポーランド、トルコ、中国など多様で、性別は女性が多数を占める。なお近隣の幼稚園 2 園も利用しているほか、5 ～ 10 人の利用待ちも発生している（2019 年の取材当時）。利用者による委員会のような組織はないが、開設から 4 年が経っても月に 1 度程度の頻度でワークショップやミーティングが継続的に開かれ、全員の意見を反映する仕組みが維持されているという。

一方で、治安改善の効果はまだ不十分である。フローベンガルテン近隣のクアフュルステン通り（Kurfürstenstraße）は売春の地として有名であり、ガーデンの前の自転車置き場もそのために使われてしまうことがあるという。

社会環境を集中的に改善する地区マネジメントの仕組み

フローベンガルテンが生まれた背景には、地区内へのガーデンの普及を目指すプロジェクト「ガルテン・アクティフ」(GartenAktiv) がある。これは、先立って地区に実験的に設置されたコミュニティガーデンが多様な人々の交流を生み出したことから、「社会都市」(Soziale Stadt) プログラムと呼ばれるドイツの公的な助成を受けて立ち上げられたものである。

社会都市プログラムは、連邦・州・自治体が共同出資する政策として、産業衰退や高齢化、外国人増を背景に社会・環境問題を抱える地区の再生を目的とした都市計画助成プログラムであり、1999年から2019年まで実施された[1)]。社会都市のもとで打たれた施策は、544の自治体で計965件に上る。連邦予算からの拠出額も年々上昇し、2013年には約4,000万ユーロ / 年であったものが2014年には約1.5億ユーロ / 年、2017～2019年には約1.9億ユーロ / 年だった[2)]。

社会都市においては、ハード・ソフト整備の両面から、縦割り構造を超え、住民とも協働した取り組みが重視される。地域の複合的な問題に対しては、問題の特徴や主体の関係性に応じた解決手段が必要であり、地域内のさまざまな関係主体の意見が集約された計画や方針が求められるためだ。

そこで核となるのが、コミュニティの社会関係の形成・強化を目的とする「地区マネジメント」(Quartiersmanagement：以下、QM) である。具体的には、資金が投入される地区にQM組織が設置され、そのQM組織がさらに住民組織や地域団体の設立を推進し、資金援助、全体の調整、評価を行う。また住民を過半数とする15～25名程度の地区評議会（Quartiersrat）も設けられ、地区の問題に関する議論や助成案件の審査が行われている。

地区マネジメントの財源となる基金

ベルリン州（市）のQMは、連邦・州（市）・EUが拠出する4種類の基金を財源として有している。

まず「活動基金」（Aktionsfonds）は、毎年1万ユーロずつ各QM対象地区に配分されるもので、短期間で即効的なボランティア活動に対し、1件あたり最大1,500ユーロ（2014年次は1,000ユーロ）が提供される。申請資格は住民および地域の活動団体にあり、地区の活動基金審査委員が採択する。

「プロジェクト基金」（Projektfonds）は、通例数年間にわたるプロジェクトを5,000ユーロから支援するものである。基金の目的は、各QMの統合的行動・発展計画（Integriertes Handlungs-und Entwicklungskonzept）にある行動目標が実現されるような、持続的な効力のある構造改善のための措置を実施することである。プロジェクトは住民、地域組織、地区評議会、当地の役所の関係課などの関係主体が共に立ち上げなければならない。採択の決定権は地区評議会にある。

「建設基金」（Baufonds）は、対象地区の持続的な安定化・発展に寄与する建設プロジェクトを支援するものである。プロジェクト基金と同様、多様な主体の参画が必要で、区や地区評議会の意見も参考にしつつベルリン州（市）都市開発・住宅局が採択する。

最後に「ネットワーク基金」（Netzwerkfonds）は、複数年、対象地区から地区間、そして行政区レベルまでのさまざまな主体の連携のもと構造改善に関わる措置のプロジェクトを5万ユーロから支援する。目的はQM地区よりも広域な「活動地域」（Aktionsraum）の持続的な安定化と発展である。活動地域には失業や青少年の不健康といった労働・生活面での問題が蓄積していると評価された5地域であり、区やQM組織などが共同でプロジェクトを立ち上げる。これも都市開発・住宅局が採択する。

これら4つの基金の予算合計は2,630万ユーロで、内訳は、活動基金が34万ユーロ（1.3%)、プロジェクト基金が825万ユーロ（31.4%)、建設基金が1,346万ユーロ（51.2%)、ネットワーク基金が425万ユーロ（16.2%）となっている（2019年時点)。なお、基金ごとに連邦・州（市)・EUの拠出割合は異なる。

持続的な運営に向けた課題

ガルテン・アクティフは、第一期の2016～2018年は11.1万ユーロ（うち、3.3万ユーロは駐車場であった土地をガーデンにする基盤整備費)、延長された第二期は2.4万ユーロの助成をプロジェクト基金から受け、これらのうち推定約3分の2がコーディネートスタッフの人件費も含めてフローベンガルテンに使われた。加えて、全期間を通じて3,500ユーロが公益住宅企業[3)]ゲヴォバックから助成されていた。ガルテン・アクティフが終了することに伴い、2020年に予算措置もなくなったが、同企業の助成金のみで足りる見込みだという。

一方で運営を継続するうえで、資金以上に、利用者の組織づくりが課題となっている。2020年には、ガルテン・アクティフのプロジェクト終了とともに、コーディネートを務めたグルッペ・エフも現場から退く必要があった。そのため、グルッペ・エフの担当者は、参加する住民だけで持続的な運営ができるよう、組織づくりに尽力してきたという。

地域を良くするためのコミュニティガーデン整備において、空間的な初期整備だけでなく、人的な基盤づくりも、社会都市プログラムにより契約された専門家が介入する意義の1つといえる。

CASE.9

アートとガーデンの融合で多様な住民同士の交流を活性化する

グーツガルテン

（ドイツ・ベルリン市）

現地語表記	Gutsgarten
土地所有	ゲソバウ（公益住宅企業）
運営者	地域のガーデンコーディネーター・ ノマーディッシュ・グリューン（民間企業）
設立時期	2016 年
財源	市からの助成金・企業の資金
面積	80 m^2

中世に由来する文化財の農場跡地を転用したガーデン

「グーツガルテン」(Gutsgarten) は、ドイツ・ベルリン市中心部から東に約15 kmのマルツァーン＝ヘラースドルフ区にあるレイズドベッド型のガーデンである。

名前にあるグート (Gut) は「農場」を意味し、敷地の歴史に由来している。ここにはもともと、中世からの歴史を持つ古い農場があり、東独時代には政府所有のもとで1990年まで営農されていたのである。いまもレンガ製の施設が残っており、遺構は文化財指定も受けている。

市が、市有地であったこの敷地にガーデンを設立・運営できる主体を探していたところ、プリンツェシンネンガルテン (Chapter 1のCase. 1) を設立した企業「ノマーディッシュ・グリューン」が応募し、2016年に開設に至った。なおその後、公益住宅企業のゲソバウ (Gesobau) が土地を購入しており、歴史的特性を残しつつ約1,500戸の住宅開発を進めることが予定されている。この開発に伴い、ガーデンは敷地内の別の場所に移転することになっている。

高齢の地域住民を中心とした運営

ガーデンにはレイズドベッドだけでなく、ウッドデッキやテーブル、ベンチ、倉庫や作業場として使われるコンテナが置かれており、活動日やイベントを知らせるボード、地植えの花壇なども設えられている (写真2･4)。

運営にあたるコアメンバーは25人で、ほとんどが同区に暮らす比較的高齢の住民である。以前はガーデンの空間計画をコーディネーターが担っていたが、現在はコアメンバーの1人であるガーデナーの専門家が管理を積極的に担っている。活動日は木

写真2･4　入口には看板が立てられ、畑や花壇のほか、憩いのスペースとしてテーブルや、作業場のコンテナもある（筆者撮影）

曜15～19時と土曜10～14時となっている。

なお、コーディネーターは、米国のNPOで有機農場を経営するなど30年間にわたり農業に従事した経験を持つドイツ人男性で、グーツガルテン設立の翌年からコーディネーターを務めていた。自営業の傍ら、プリンツェシンネンガルテンの経営企業「ノマーディッシュ・グリューン」にパートタイムで雇用を受けている形だ。「これまでは大地を耕していたが、これからは心を耕したい」と語る彼がコーディネーターの職を望んだ背景には、ドイツにとって大きな課題の1つでもある難民の受け入れ問題があったという。

多様な地域住民を
似顔絵でつなぐアートプロジェクト

近隣に難民シェルターがあるグーツガルテンの利用者にとって、難民は身近な存在である。象徴的な取り組みが、「ヘラースドルファー・ゲズィヒター」（Hellersdorfer Gesichter：ヘラースドルフの顔々）というアートプロジェクトだ。

難民シェルターとコラボレーションして行われているこのプロ

図 2･2 「ヘラースドルファー・ゲズィヒター」プロジェクトのオンライン展覧会。各肖像画をクリックするとその人の生い立ちなどが読める（https://hellersdorfergesichter.org/ より）

写真 2･5　2019 年 9 月に駅前の広場で開催された「民主主義祭り」（Demokratiefest）への出店風景。ガーデンで採れたハーブで使ったドリンクやハーブソルトの販売コーナーや、シリアからの難民が描く似顔絵のブースが設けられている（筆者撮影）

ジェクトは、地域に暮らす新旧住民の似顔絵を描いていく企画であり、「新たな隣人は誰なのか」「古くからいる隣人は何に心動かされるのか」「ヘラースドルフはその人たちのためにとって何なのか」などの問いかけを意図している。似顔絵を描くのはシリア・アレッポ市生まれのアーティストだ。ガーデンで似顔絵を描きつつ、描かれる人々の生い立ちを聞いたり、オンライン展覧会（図2・2）を開催したりもしている。

このほかにも、多様性を重んじ人種差別などの撤廃と民主主義を目指す団体が開く地域の祭りに出店するなどの活動も展開している（写真2・5）。なおこのプロジェクトの実施にあたっては、前節で紹介した「社会都市」プログラムのもとで、QMのプロジェクト基金から助成を受けている。

創造的な活動と相性の良いコミュニティガーデン

このように、グーツガルテンは、アートを通じて新旧住民が出会い、認識し、理解する場所として機能している。ガーデンは自由な空間の使い方ができることから、アート作品を創ったり飾ったりする場として活用しやすく、ほかのガーデンでも利用者らによる創作物が敷地内に置かれている例がみられる。似顔絵を描くプロジェクトのように、地域でかかわっている人と人とをつなげる意味をガーデン内のアートに込められれば、コミュニティを醸成する創造的活動の場としてガーデンを運営することが可能となる。

CASE.10

居住可能な不動産への転用で若年世代の定住を促進する

クラインガルテン

（オーストリア・ウィーン市）

現地語表記	Kleingartengebiet für ganzjähriges Wohnen
土地所有	ウィーン市・私有地
運営者	ウィーン市・ÖBB ホールディング株式会社（企業）など
設立時期	1910 年
財源	賃料・税金など
合計面積	1,432.3 ha[4]（35,874 区画）（2020 年時点）

拡大を続ける都市ウィーン

オーストリアの首都ウィーン市は東西ヨーロッパの境目に位置し、歴史的にも神聖ローマ帝国やハプスブルク帝国といった大帝国の要衝となってきた。多様な民族の人々が流入し続ける都市であり、2004年に中・東欧を中心に10カ国がEUに加盟すると、スロバキアなどの隣国からも人の往来が盛んとなった。2001年に約155万人であった人口は、2021年には約192万人と増加を続けている[4)]。

2013年には地下鉄2号線がドナウ川を越えたウィーン市東部に延伸し、かつての飛行場跡地にゼーシュタット・アスパーン（Seestadt Aspern）と呼ばれるニュータウンが建設された。2017年にも地下鉄1号線が南のオーバーラー（Oberlaa）という温泉施設で有名な地区まで延伸されるなど、都市開発がますます進んでいる。

「住める農園」への変化

ウィーン市のクラインガルテンは1,432.3 ha（2020年時点）あり、市域41,487 haのおよそ3.5％を占める。2009年時点のやや古い図であるが、クラインガルテンの分布は図2･3の通りで、19世紀まで市壁に囲まれていた過密な地域の外側に位置している。

人口が増えるなか、これから住宅を構える若年世代を市外へ逃がさないために、クラインガルテンのあり方にも変革の機会が訪れた。それまで表向きは禁止されていたクラインガルテンでの宿泊、さらには居住が可能となったのである。

まず1992年に「ウィーン州建設法」（Bauordnung für Wien）が改正され、「レクリエーション地域－通年居住のためのクラインガルテン地域」（Erholungsgebiet – Kleingartengebiet für

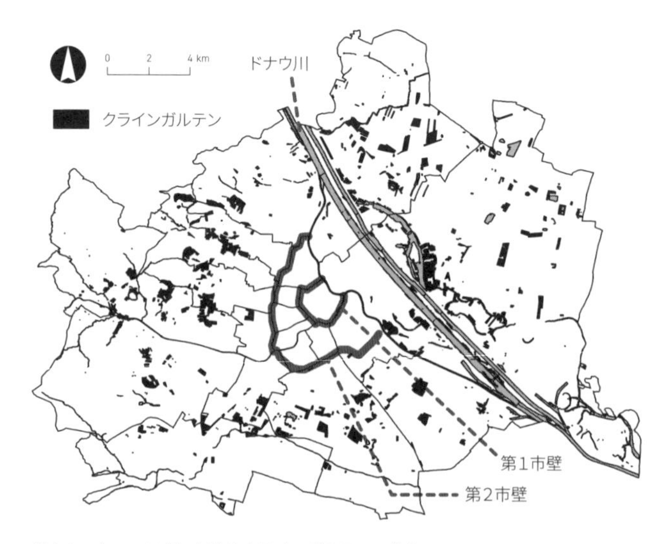

図 2･3　ウィーン市におけるクラインガルテンの分布（2009 年作成。freytag & berndt 社（2009）による地図からクラインガルテン分布を把握）

ganzjähriges Wohnen）という用途地域の分類が、レクリエーション地域[5)]の一種として設けられた。

さらに 1996 年に新たに制定された「ウィーン州クラインガルテン法」（Wiener Kleingartengesetz）では、先の用途地域指定がなされたクラインガルテン施設において、利用者は居住や区画の購入が可能になっている。また、クラインガルテンに特徴的な区画内の小屋も「クラインガルテン住宅」（Kleingartenwohnhaus）と呼ばれるようになり、建築面積 50 m^2（ただし区画の 25% を超えない範囲）、体積 265 m^3 まで認められ、屋根までが 5.5 m 以内の高さに収まれば、2 階や地下の建設も可能となっている（写真 2･6）。

一方で、「レクリエーション地域－クラインガルテン地域」（Erholungsgebiet – Kleingartengebiet）に指定されているクライン

写真 2･6　通年居住可能なクラインガルテン住宅の例。2 階建てになっている（筆者撮影）

写真 2･7　通年居住ができないクラインガルテン小屋の例。クラインガルテン住宅に比べて小さく、平屋建てになっている（筆者撮影）

ガルテン施設では、従来と変わらず居住は禁止されており、小屋（Kleingartenhaus）も建築面積35 m^2、体積165 m^3、屋根まで5 m以内の高さに収めなければならない（写真2·7）。

通年居住可能と指定されているクラインガルテンは2020年時点で24,357区画（全体の68％）、面積にして933.8 ha（全体の65％）[4] である。大部分のクラインガルテンが住居として使用可能な状態になっていることがわかる。

生活者の実情に合わせた柔軟な緑地・住宅政策

伝統的な緑地空間を住空間に変えたウィーン市の政策は、クラインガルテンの本来の意義を損ねているとの指摘がある。しかし、都市の状況に合わせて柔軟な判断をしたという捉え方もできる。居住可能だとはいえ、クラインガルテンは法律上もまだ緑地の分類に入っており、建築制限によって一定規模の緑地面積も確保されている。特に集合住宅に住む人々が多く[6]、庭を持つ機会が限られるウィーン市では、貴重な庭代わりの緑地となっている。

また、利用者らがまとまった緑地を管理してくれるのであれば、市全体としても生態系サービスや緑地管理コスト削減の恩恵を受けることができるだろう。緑地の面積を一定程度保ちながら人口増加にも対応する案として、そして市民が利用・管理する緑のあり方として学べるところがあるのが、ウィーン市のクラインガルテンである。

CASE.11

被災後に日常性を取り戻す生活復興の場として計画する

ニューブライトン・コミュニティガーデンズ

（ニュージーランド・クライストチャーチ市）

現地語表記	New Brighton Community Gardens
土地所有	クライストチャーチ市
運営者	利用者および雇用されているコーディネーター・会計係
設立時期	2005年
財源	応募型助成金
面積	約2,300 m^2（64ha ある公園の一部）

歴史的な「ガーデンシティ」が目指す“食べられる都市”

ニュージーランドでは、人口増加と住宅地の過密化、そして都市における食料生産の機運の高まりから、1970年代からコミュニティガーデン運動が盛んになった。約150カ所のコミュニティガーデンが、オークランド市、ウェリントン市、クライストチャーチ市の三大都市に存在している[7)]。

このうち、歴史的に「ガーデンシティ」[8)]と呼ばれることもあるクライストチャーチ市は、1,426 km^2、人口約39万人（2020年）[9)]の市内に950カ所以上の公園を有しており、墓地や河川敷、庭園を合わせると9,000 ha程度の緑地がある[10)]。これを1人当たりの面積にすると230 m^2になる。コミュニティガーデンも市内や周縁部に37カ所存在している[11)]。

市は2014年に、世界で一番のエディブル・ガーデンシティ（edible garden city：食べられるガーデンシティ）を目指すために、これからの施策の方針を宣言する「フードレジリエンスポリシー」（Food Resilience Policy）を採択している[12)]。このポリシーによって、すべての人々が健康的で活動的なライフスタイルを実現できるよう、健康的で手に入る価格の地場産の食べ物を得られるような都市が目指されている。そして、人々が健康によりよく生きるための助けとなり、自尊心を高め、生涯教育をもたらすための重要な公共空間として、コミュニティガーデンが位置付けられている。

震災復興で高まった空き地活用の機運

クライストチャーチ市のコミュニティガーデンにとって大きな転機となったのは、2010年9月4日と2011年2月22日に同市を含むカンタベリー地方を襲った大地震だった。特に後者はクライストチャーチ市中心部に甚大な被害をもたらし、犠牲者はニュージーランド国籍97名、日本国籍28名、中国国籍23名を含み、少なくとも17の国にルーツのある185名に上った[13)]。

地震後には中心部の建築物の多くが取り壊され、跡地には空き地や駐車場が広がった。そこで生まれたのが、復興の過程に発生する空き地をクリエイティブな手法で活用する団体だった。例えばギャップ・フィラー（Gap Filler）は、アートやイベントの場として多くの暫定的な空き地を用い、プレイスメイキングを行っている団体だ。最初の地震の2カ月後である2010年11月に最初のプロジェクトが実施され、空き地に椅子やクッションを寄せ集め、人々が音楽を聴いたり、映画を鑑賞したりする企画が行われた。

ギャップ・フィラーの創設者の1人であるライアン・レイノルズ氏は当初、5～6件のみのプロジェクトの実施を想定していた[14)]。しかし、2011年2月の震災後に空き地活用のニーズや関心が改めて高まったことから、活動は今日まで続いており、200以上のプロジェクトが実現している[15)]。団体のメンバーは現在7名、評議員は4名（一部はメンバー）だが、プロジェクトに応じてコラボレーションする人々もいる[16)]。

この流れで、都市型農園も空き地に生まれていった。市民団体や社会企業の協働により、市の中心部の暫定的な空き地に2013年につくられた「アグロポリス」（Agropolis）もその1つである（写真2・8）。建築分野を専門とする若者らによるイベント開催団体「フェスタ」（FESTA）や、都市部で農業に取り組む「ガーデンシティ2.0」（Garden City 2.0）などが参画して運営されたのち、開発に伴い2016年に閉鎖された。

ほかにも、空き地をさまざまな緑地空間につくり変える「グリーニング・ザ・ラブル」（Greening the Rubble）という市民団

写真 2･8　市中心部の空き地を活用した都市型農園アグロポリス。輸送用パレットが再利用され、ネギやスイスチャードといった野菜や花が植えられていた（筆者撮影）

体も 2010 年に誕生した[17]。こうした、復興過程で生まれた暫定的な公共空間は、自分たちでまちを再興しようという機運を高めるものだった。

震災以前から存在したコミュニティガーデン

それでは、震災以前から存在していたコミュニティガーデンは、震災からの復興を目指すまちにおいてどのような役割を果たしたのだろうか。ここでは、海に近く、エイボン川も擁することから液状化による被害の大きかった市東部のニューブライトン地区に立地する「ニューブライトン・コミュニティガーデンズ」を取り上げる。

このガーデンは、運動施設が充実した公園「ラフィティ・ドメイン」（Rawhiti Domain）の一部に開設されている。かつては女

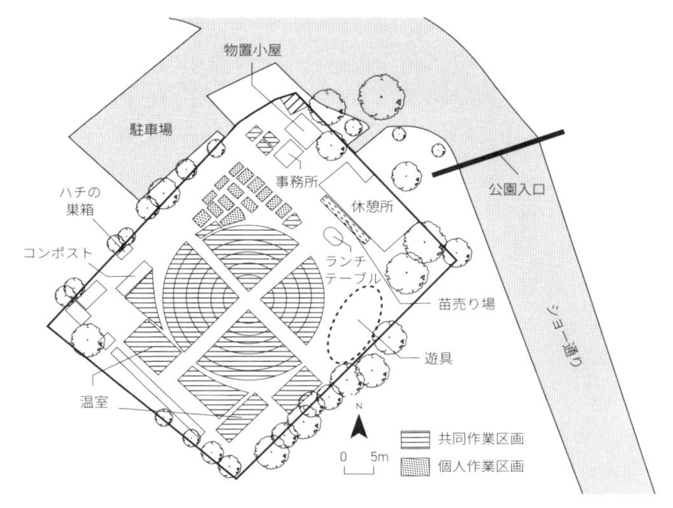

図 2・4　ニューブライトン・コミュニティガーデンズの見取り図（筆者作成）

性向けの野外ボーリング場で、2005 年にコミュニティガーデンとなった。

利用者の多くは、クライストチャーチに長く住むニュージーランドや英国国籍の近隣住民で、年齢層も 50 代以上が中心である。一部、欧州から移り住んだ 10 ～ 20 代の若者も参加しており、復興のための建設の仕事に就いている者も含まれていた。

約 $2{,}300\,m^2$ あるガーデン敷地のほとんどは、利用者が共同で耕す畑や花壇となっており、一部には木枠のなかに土を詰めたレイズドベッド型の個人区画も用意されている（図 2・4）。

ガーデンは火・木・土の週 3 回の活動日に公開されており、塀に囲まれ、活動日以外は施錠されている。活動日には、コーディネーターが中心となり、ともに野菜や花の栽培活動を行ったり、ランチを楽しんだりしている（写真 2・9）。子どものための遊具も設置されており、子ども連れの若い世代も訪れる（写真 2・10）。ま

写真 2･9　活動日におけるランチの様子（筆者撮影）

写真 2･10　ガーデン内の遊具で遊ぶ親子。左写真の砂場となっている遊具は、もともと先住民マオリの文化を表現したインスタレーションであり、地域のイベントで展示された後、ガーデンに移設された（筆者撮影）

た、罪を犯して、更生するためにコミュニティワークに取り組む者も受け入れられている。

コーディネーターと会計係には、さまざまな財団などから獲得された助成金から給料が支払われている。両者とも、公募により選抜された者が務める。具体的には、地域の新聞に募集案内が出され、応募者はガーデン利用者によって面接・選抜された。なお、助成金を獲得するのは会計係の仕事であり、必要資金が確保できるように尽力しているという。

日常性を取り戻す場としての役割

震災時にこのガーデンが果たした役割について、震災以前からの利用者を対象に筆者が行った調査[18)]では、避難場所や食料確保の場というよりもむしろ、心が休まり日常性を取り戻せる場として機能していたことがわかっている。

避難場所とならなかった理由は、ガーデンが施錠されていたためだけでなく、公園が多く、庭や道路にもゆとりのある住宅地であったためだと考えられる。また、必ずしも食料確保のために必要とされなかったのは、震災後も物流が止まることはなく、スーパーマーケットも開店していたためだとみられる。

しかし、エイボン川に近い住宅地の液状化等による損傷は激しく、市が土地を買い取り居住ができないレッドゾーンに指定された地域もある[19)]。親戚の住宅が損壊してしまい対応に苦労したと話すガーデン利用者は、「家にいるときが問題なんだ。なぜかと言うと、家にいるときは（家を）直して直して直して…とにかくやることだらけなんだ！　週に3回（＝コミュニティガーデンの活動日）はそれはやめよう、もう何もしない、ガーデンに行ってリラックスしようって自分に言ったんだ」と語った。ほかに、気の滅入る体験をガーデンで話すことによって緊張がほぐれていったと振り返る者もいた。混沌とし、やるべきことに追われた日々のなかで、ガーデンはいつも通りの仲間といつも通りのことができ、ほっと一息をつける場となったのだ。

実際、2010年からの来園者記録を日単位で数えてみたところ、

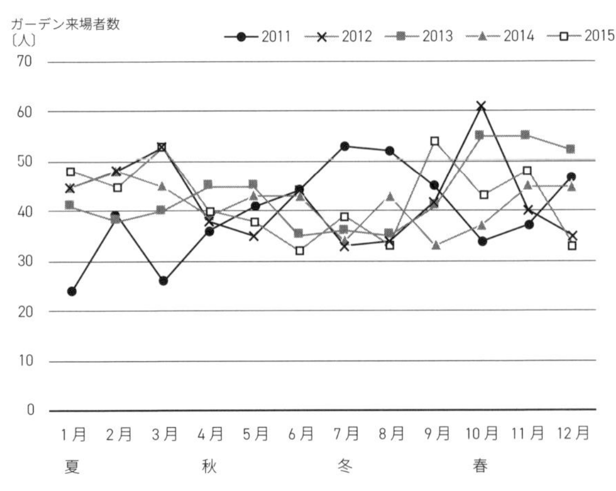

図2•5　2011年以降のニューブライトン・コミュニティガーデンズの来場者数（筆者作成）

2011年2月の大地震から5カ月ほど経ったあたりに、2011年のピークがあった（図2•5）。この時期は厳しい寒さに見舞われる真冬であり、ガーデニングにも本来適さない時期である。その後の年に比べて利用者が多く訪れた背景には、震災直後の混乱が落ち着き、現実的に復興に向かい合わなければならなくなったときに、仲間に会ってほっとできる場所を求めていた人々の心情がうかがえる。

「復興過程において生じる空き地を使った暫定的なプロジェクトも復興を応援するためには有効だ。だが、2年ほど経つと落ち着いてきてしまい、なくなることが多い」と、リンカーン大学のアンドレアス・ヴェセナー上級講師は話す。

対して、ニューブライトン・コミュニティガーデンズのように、震災以前から存在している都市型農園は、住民たちをつなぎ続け、支える場となりうる。予測不可能な災害に備え、コミュニティのレジリエンスを高めるためにも、平常時から都市型農園を整備しておく有用性は高いといえる。

CASE.12

住民主導でマイノリティの居場所をつくる

シュペッサートガルテン／シュタイガーヴァルトガルテン

（ドイツ・ハノーファー市）

現地語表記	SpessartGarten ／ SteigerwaldGarten
土地所有	不動産管理会社
運営者	多文化地区ガーデン・ハノーファー（登録協会[20]）
設立時期	2006 年／ 2008 年
財源	ガーデン支援組織および市からの資金
面積	約 1,200 m^2 ／ 2,100 m^2

移民・難民を受け入れる社会的包摂の場

ドイツは歴史上、イタリアやトルコ、中東などからの移民を大勢受け入れてきた。近年でも積極的に国外人材を国の発展に活かそうとしている。2019年の総人口8,184.8万人のうち、広義での移民的背景を持つ人[21]の数は2,124.6万人（26.0%）であり[22]、およそ4人に1人を占める。

こうした人々に対して、国による言語教育をはじめとしたさまざまな支援はもちろん、市民による社会的包摂の場として設けられているのが、「多文化共生ガーデン」(Interkultureller Garten)と呼ばれるコミュニティガーデンである。1996年にゲッティンゲン市で難民のために設立された農園がその始まりとされており、種や苗の譲り合い、道具の貸し借り、収穫物を使った料理、イベントなどを通じて、利用者同士の関係を深めていくことが目指されている。

利用者が遠慮なく支援を受けやすい仕組み

現在、ドイツ各地にある多文化共生ガーデンは、直接的には地域に根差した組織によって運営されていることが多い。

例えばハノーファー市には「多文化地区ガーデン・ハノーファー」(Internationale StadtteilGärten Hannover：以下、ISG)という組織（登録協会）があり、市内7カ所のガーデンを管理している[23]。ISGはガーデン利用者の自主的な活動による場の形成を重視しているため、直接的なガーデン活動ではなく、備品や消耗品の購入、知識・技術提供などの形で利用者を支援している。また、ISG運営のガーデンでは、利用者からあえて年間30ユーロの利用料を徴収することにより、遠慮なく支援を受けやすい条件が整えられている。

集合住宅に生まれたガーデンの効用

ISG管理下のガーデンのうち、移民の多いザールカンプ地区にある「シュペッサートガルテン」(SpessartGarten) と「シュタイガーヴァルトガルテン」(SteigerwaldGarten) は、集合住宅にある半地下駐車場の屋上を利用している（写真2･11、12)。土地所有者は集合住宅を所有する不動産管理会社だ。

放置されて景観が悪くなっていた半地下駐車場の屋上に周辺住民が不満をもっていたことから、ISGが不動産管理会社にガーデン設立の提案を行ったことが、開設のきっかけとなった。同社はこの提案に応え、近隣やセキュリティへの配慮に責任を持つことなどを条件に、具体的な貸借期間は設定することなく、ISGに土地を無償で貸し出すことを決めた。

ガーデンは大部分が個人区画から成るが、テーブルやかまどな

写真2･11　シュタイガーヴァルトガルテン。案内してくれたイラク出身の利用者は、故郷の食卓に欠かせないマメを育てている（筆者撮影）

写真 2･12　ガーデンの下にある半地下駐車場（筆者撮影）

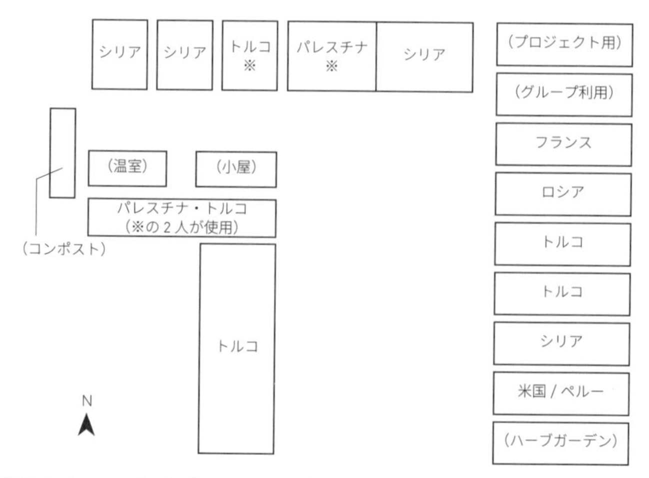

図 2･6　シュペッサートガルテンの区画ごとの利用者国籍（ガーデン利用者提供図面をもとに筆者作成／縮尺は考慮されていない）

どが置かれる交流ゾーンも備えており、多文化共生のための空間づくりがなされている。さらに同じ国の出身者の利用が多すぎないように調整し、ガーデンの多文化性を高めている（図2•6）。

実際に、互いの区画を褒め合うことがきっかけで、距離を取っていた者同士が文化の垣根を超えて仲が良くなった事例が利用者から報告されている。自身の出身国の作物を栽培することでアイデンティティを保つ場ともなっている。

さらに、任期を1年とし、選挙で選ばれた利用者代表3名から成る委員会が現場の問題に対処する役目を担っており、移民・難民からの声をISGや利用者同士に届ける仕組みも整っている。

多文化共生ガーデンを支える行政支援とネットワーク

ISGは活動初期に、コミュニティガーデンの設立を助ける中間支援組織「アンシュティフトゥング」（anstiftung）（Chapter 3で詳しく紹介）から資金援助を受け、2016年時点では市からの資金援助も受けていた。自治体から援助を受けて多文化共生ガーデンが運営される仕組みは、ほかの都市でも参考にされているという。

このほか、ISGは市内のガーデン組織間のネットワークづくりにも尽力し、問題の共有、共同プロジェクトの検討、相互支援の検討を行うミーティングを定期的に開催している。

以上のように、この事例では活動団体が中間支援組織や自治体と連携して、移民・難民の社会的包摂、すなわち多文化共生という社会課題に取り組むためにガーデンというツールを用いていた。運営の細かな仕組みにも、多文化共生を促進する工夫がちりばめられている。住民主導でさまざまな文化的背景の人々がコミュニティを育む場として、コミュニティガーデンには活用可能性がある。

CASE.13

外国人住民が慣れ親しんだ食を得るために耕す

ベトナム人住民が創る農園

（兵庫県・姫路市）

寄稿：瀬戸徐映里奈

土地所有	民有（農地）
運営者	利用者
設立時期	2000 年代半ば
財源	利用者の資金
合計面積	約 5,000 m^2

食べ慣れた味を求めて

異文化社会に暮らせば、言語の違いや文化習慣だけでなく、流通している物品の差異にも直面する。生まれ育ったまちで当たり前に調達できたものが手に入らなかったり、高価だったりすることはよくあることだ。そんな物品のなかに、日々の糧となる食材も含まれる。特に、野菜などの新鮮さが重要な食材は、運送コストもかかるため高価になってしまう。以前のように日常的に購入すれば、家計を大きく圧迫することもあるだろう。

こうした背景から、在日外国人のなかには、知り合った日本人の所有者から農地を借りて、自国で食べていた慣れ親しんだ野菜を育てている人たちがいる。ここでは、在日ベトナム人の農地利用とその農業を紹介したい。

不許可使用から遊休農地の利用へ

日本の敗戦後、新たに外国人の渡日が増加するのは、1970 年代以降である。非正規滞在者、農村花嫁、留学生、難民、日系南米人など、その背景は実に多様だ。

日本にベトナム人が多く住む最初の契機となったのは、1970 年代後半の「インドシナ難民」の受け入れだった。ベトナム戦争の終結と新政権樹立後の混乱のなか、多くの人々が国外へ逃れ、周辺国や西欧諸国に受け入れられた。日本へも約 8,000 人が受け入れられ、その後も本国からの家族呼び寄せや次世代が誕生し、人口が増加した。さらに、2010 年代には留学生や技能実習生としての渡日が急増し、ベトナム国籍（出身）者の数は、2021 年現在 42 万人を超える。

ベトナム難民の受け入れが始まった 1970･80 年代は、今ほど各国の料理が日本社会に受容されておらず、その食材を扱う店舗もほとんどなかった。ベトナムなどの東南アジアで食用とされる野菜や香草がまったく流通していなかったわけではないが、地方都市に暮らすベトナム難民たちにとって近所のスーパーで手軽に買えるようなものではなかった。そこでかれらは、種や苗を買ったり、もらったりすることで、必要な野菜や香草をベランダや小さな植木鉢で栽培し、調達した。

しかし、小さなスペースで栽培できる品種や量には限界がある。公営住宅の共有スペースや河川敷で育てる人も現れたが、これらの栽培は不法占拠だと近隣住民から苦情が寄せられ、やがて撤去・廃止へ至った。しかし2000年頃になると、近所の人に農地を借りて栽培に取り組む人が少しずつ増え始める。高齢化や担い手が不足して農地を持て余した日本人所有者が増えていたことがまず背景にある。就労などを通してその他の住民との人間関係が広がり、深まるなかで、農地所有者と出会い農地の貸借に至るような関係性が両者の間に育まれてきたのだ。

食材調達のための農園が気晴らしや交流の場に

その1つとしてズオンさん（仮名・60代）が栽培している農園を紹介しよう。1980年に10代後半で難民として渡日したズオンさんは、町工場で働きながら生計を立ててきた。真面目な性格を買われて日本人の社長から工場を引き継いだズオンさんは、ベトナム人と日本人の従業員とともにその工場を経営してきた。

ズオンさんは、ベトナムでの農業経験こそなかったものの、草花を育てることが好きだった。そんな思いから、食材調達も兼ねて野菜を栽培できる場所を探していたところ、取引先の関係者のなかに、所有している農地を持て余し、借り主を探している人がいた。そこでズオンさんが借りたいと申し出たところ、約5,000m^2の農地を快く貸してもらえることになり、家族や友人たちと農地を耕しはじめた。ズオンさんは、ベトナム人の若者たちが異国での寂しさゆえに、せっかく稼いだ給料を酒や遊びに散財してしまう様子を見て心を痛めてきたこともあって、自分や友人、その家族だけでなく、従業員や近隣の工場で働く技能実習生たちにも農園を開放し、仕事終わりや休みの日に農作業しながら息抜きできるようにした。このおかげで、ベトナム人の若者らも食べたい食材を自分で栽培できるようになり、余暇を無為に過ごすことはなくなった。夏の農園には、各種の南国野菜が育ち、ベトナムにいるかのような景観が生まれる。友人のなかには、市外からわざわざズオンさんの農園に遊びに来る人もいるそうで、食材を調達する以上の役割を果たしていることがわかる。

ズオンさんは近隣で田畑を耕す日本人住民への挨拶も欠かさず、その礼儀正しさから一目置かれている。農区の道普請や水路の掃除にも毎年利用者らで交代しながら参加している。時にはズオンさんから肥料や収穫物をおすそ分けすることもあるようだ。

自発的に生まれた農地栽培にみる共生のヒント

人々が行き交う野外で行われる農地での栽培は、屋内の自宅や就労先では得られない新しい交流を生み出したり、そこで育てた農産物が食を通じた相互理解を促したりすることもある。年老いたベトナム人の高齢者にとっては、言葉が通じない異国の地で余暇を過ごす場所にもなり、育てた野菜を家族や知人に食べてもらうことが楽しみや生きがいになることもある。かつての食べ慣れた料理を食べるために、自ら所有者と出会い交渉し、遊休農地を耕しはじめたベトナム人住民の存在は、異なる背景を生きる人々の出会いが豊かな営みの源になることを教えてくれる。

CASE.14

地域における多文化共生のハブとして運営する

ワールド・スマイル・ガーデン一ツ木

（愛知県・刈谷市）

寄稿：村松賢

土地所有	民有（農地）
運営者	ワールド・スマイル・ガーデン一ツ木（市民団体）
設立時期	2014 年
財源	イベント参加費、収穫物の販売収益、一ツ木自治会からの援助金、（一財）自治体国際化協会・（公財）愛知県国際交流協会・刈谷市国際交流協会・刈谷市社会福祉協議会などからの助成金
面積	550 m^2 [24)]

移民労働者の集住地域

自動車産業の拠点地域の1つである愛知県刈谷市には、フィリピンやベトナム、ブラジルをはじめとする各国からやってきた労働者と、その家族が数多く暮らしている。同市において、多文化共生の地域づくりを進める拠点となっているのが、2014年6月に市内の一ツ木町に開園したコミュニティガーデン「ワールド・スマイル・ガーデン一ツ木」(以下、ワールデン)だ。

ワールデンは、名鉄名古屋本線の線路のそばにある、農地がちらほらと残る住宅地のなかに位置している。場所はちょうど、名鉄の一ツ木駅と知立駅の中間あたりである。ガーデンの敷地面積は550 m^2 で、そのおよそ半分を畑と花壇が占めている。そしてそこでは、外国種を含む多種多様な作物が育っている。敷地内にはミーティングや休憩の際に使われるピザ窯(がま)つきの東屋「マイタケハウス」が建てられているほか(写真2・13)、各所に丸太椅子

写真2・13 手づくりの東屋「マイタケハウス」。ミーティングや休憩、ピザづくりができる。奥には参加者の出身地の国旗が紹介されている(新保奈穂美撮影)

やパーゴラ、案内板などが置かれている。これらの設置物のほとんどは、ガーデンを運営する団体のメンバーが手づくりしたものである。

地域の日常的な問題意識への結び付き

ワールデンの設立は、愛知県内で異文化理解に関する取り組みを長年続けてきた、「公益財団法人愛知県国際交流協会」(以下、AIA)のスタッフが、ある写真絵本[24)]に出会ったことに端を発する。その絵本では、民族紛争後のボスニアで、かつて対立関係にあった民族同士が、コミュニティガーデンで共に働くことによってつながりを再構築してゆく様子が、子供同士の交流を中心に描かれていた。そこから、外国人住民の増加にともなって顕在化してきた地域課題の解決のために、コミュニティガーデンをツールとして用いるという着想を得たという[25)]。

AIAからの提案を受け、刈谷市役所の市民協働課が、自治会OBをはじめとする一ツ木町の日本人住民らに多文化共生コミュニティガーデンの設立を打診したところ、前向きな反応が返ってきたという。このとき日本人住民側が積極的な姿勢をみせた背景には、外国人住民との交流の少なさに対する日頃からの問題意識があった。

活動の枠組みや実施体制の検討段階においては、海外にルーツを持つ住民が、ガーデンでのイベントに「お客さん」として参加するだけでなく、活動の運営・管理にも携わることが当初から目指された。またガーデン開きに先立ち、2013年から活動の具体化に向けた勉強会やワークショップが重ねられたが、そこでも外国人住民を含む多くの住民の参加が図られ、得られた多様な意見が運営方針や活動内容の具体化に活かされていったという。

ワールデンが地域にもたらした変化

ワールデンには、多文化間の交流を生むさまざまな機会が存在する。軸となるのが、月に1度（7～9月は2度）、週末に行われる合同作業である。ここでは日本人メンバーの指導のもと、多様な文化的背景を持つ地域住民が、思い思いに農作業に勤しむ。また季節ごとに収穫祭が催されるほか、例えば外国人住民が農園内で日本語を学ぶ「青空日本語教室」などのイベントが実施されることもある。

地元の自治会OBで、市民団体「ワールド・スマイル・ガーデン一ツ木」元代表の日本人男性によれば、ワールデンでの活動の継続を通して、ガーデン以外の場所で会ったときに挨拶を交わしたり、笑顔を見せ合ったりするような関係が、日本人住民と外国人住民の間に生まれたという。

また市民協働課の担当者は、ワールデンに関する情報発信や、他の活動や団体との連携を通じて、「多文化共生」という言葉が地域に広く浸透し、さまざまな文化を持つ人々がともに暮らしているという認識が広まっていることを感じていた。さらにワールデンがもたらした変化のうち、注目すべき点として、外国人住民の参加拡大に向けた手立てを考えるなかで、日本人メンバーが、外国から移住してきた人々の暮らしに想像をめぐらせ、そうした人々の目線で活動や地域を捉える視点を持ちつつあることを指摘していた。

「多文化共生×コミュニティガーデン」が示す可能性

ここまでの内容から、多文化共生の実現のためにワールデンが果たしている役割として、次の3点を挙げることができる。

①多文化間の直接的な交流の機会を設け、関係を築く

②日本人住民（外国人住民を受け入れるホスト社会を構成する

人々）に対し、文化的背景の異なる人々が身近に暮らしていることを認識させる

③活動を主導する立場にある日本人メンバーに対して、地域社会のマイノリティである外国人住民の立場や視点を内面化するきっかけを与える

多文化共生社会が実現するための基礎は、個々人が異質な他者の存在を認め、受け容れようとする態度を持つことだろう。ワールデンが示した役割は、いずれもこうした態度の形成につながるものだといえる。

また、ここに示した役割①と②は、コミュニティガーデンが備える基本的な活動および空間の特性からもたらされている。したがってこれらは、コミュニティガーデンを多文化共生実現のためのツールとして導入した際に、さまざまな地域で共通して期待できる役割だといえる。

その一方で、役割③については、ワールデン独自の周辺状況がその背景にあった。すなわち、問題意識と活動意欲をもつ日本人住民と、活動参加にハードルを抱える外国人住民という２つの立場が存在する状況である。役割③は、この両者をつなぐ鍵となるアクターが生まれつつあることを示しており、一ツ木地区の実態に即した重要な一歩であるように感じられる。「多文化共生×コミュニティガーデン」という試みは、それぞれの地域の状況や課題に応じて、そこでの多文化共生が次の段階に進むためのヒントを示してくれるのかもしれない。

最後に、ワールデンがこうした役割を具体化するまでには、異文化交流に関する経験やノウハウを持つ複数の組織や、粘り強く住民と並走する行政側の担当者らが、活動の成立・継続のために適切な協働を行ってきたという点も明記しておきたい。

CASE.15

利用者の自己実現を支えながら農の後継者育成につなげる

ブラック・クリーク・コミュニティファーム

（カナダ・トロント市）

寄稿：別所あかね

現地語表記	Black Creek Community Farm
土地所有	トロント地域保全局
運営者	トロント地域保全局
設立時期	2012 年
財源	複数の慈善団体による助成金
面積	約 3.2 ha

移民が地域とつながる場としてのコミュニティ農場

カナダ・オンタリオ州の州都であるトロント市は、五大湖の1つであるオンタリオ湖に面した北米有数の経済・文化の中心地である。人口約295万人（2018年時点）のうち半数以上（51.2%）が移民という、極めて多民族的な都市であり、中華系、イタリア系、インド系などさまざまなエスニック・コミュニティがモザイク状に形成されている。

カナダの歴史において移民の流入には大きく2つの文脈がある。1つは、17世紀におけるイギリス・フランス・アイルランド系移民の流入。そしてもう1つは、戦後から現在まで続く多様な国からの“ニューカマー移民”の流入である[26)]。

カナダは、1988年に世界で初となる「多民族主義法」(Canadian Multiculturalism Act）を制定したことで知られる[26)]。それまで世界各国の移民受け入れにおいて、少数派の民族集団はホスト社会の文化的価値観・様式を受け入れ、ホスト社会に「同化」することを促す政策が採用されてきた。しかしこの法律では、さまざまな文化を互いに認め合う多民族社会の形成が国家の方針として示され、移民・難民の生活・教育支援に関する制度や、先住民族の文化保護等が図られたのである。

さまざまな理由から母国を離れた移民にとって、移住先でこれまでの経験を活かしたやりがいのある仕事に就き、日々の生活のなかで自身の居場所を見つけることは非常に重要である。言葉の壁をはじめとした多様な障害に直面しながらも、移民の多くは新しい生活の向上や、新しいコミュニティへのつながり形成を目指し、日々模索している。

こうした背景から、近年、多民族化が進む都市において、コミュニティガーデンやより規模の大きいコミュニティファームと呼ばれる農的空間の重要性が高まっている。多様な文化的背景を持つ移民が、自身のルーツを再発見し、食・農業・教育などを糸口に、地域社会とつながるきっかけの場となりえるからである。

ここでは、新たな農の後継者として、さらには地域社会の担い手として移民を受け入れ、育てていくための場となっているトロント市のコミュニティファーム「ブラッククリーク・コミュニティファーム」（Black Creek Community Farm：以下、BCCF）の活動を紹介したい[27]。

緑地・農地の保全から協働による活用へ

まずは、トロントにおける農業のありようを知るうえで重要な「トロント地域保全局」（Toronto and Region Conservation Authority：以下、TRCA）という機関について触れておこう。

TRCAは、オンタリオ州に36ある保全局の1つであり、河川

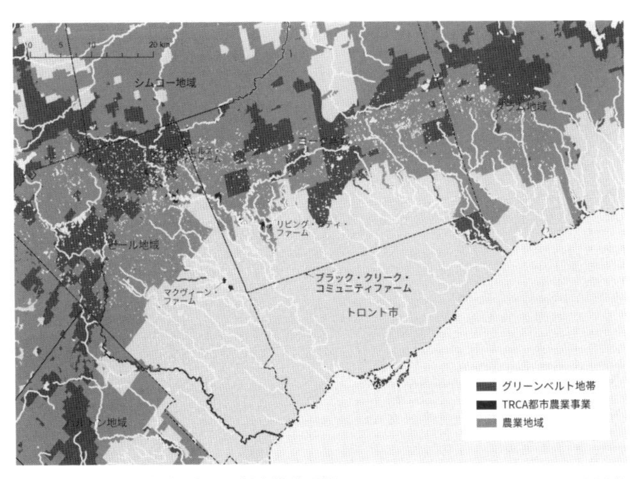

図2･7　トロント地域保全局の保全管轄区域（Ontario Geohub, Statistics Canada, TRCA地図データより筆者作成）

流域を単位として緑地管理を担う準政府機関である。1954年にトロントを襲ったハリケーン・ヘーゼルの被害を契機に57年に設立され、トロント市および周辺地域内を対象に（図2･7）、天然資源の保護・回復を目的とした農地を含む管轄地域を所有・管理している[28]。

当初掲げられた組織の活動目的は、ハリケーンで特に甚大な被害を受けた河川沿いの土地を買い上げることで、浸水リスクの高い土地の宅地化を防ぎ、将来起こりうる水害の抑止を実現することだった。防災的な意味でのレジリエンスを高めることに焦点があったといえる。

一方、近年では所有する保全緑地・農地の活用を視野に入れた取り組みを重点的に進めており、地域をベースとした都市農業プロジェクトをNPO団体や住民グループなどとのパートナーシップという形で展開している。

BCCFは、その一環として2012年に設立されたコミュニティ型農場である[29]。TRCAと協働して設立にかかわった団体には、例えば持続可能な農業トレーニングを支援するNPO団体「エバーデール環境センター」（Everdale Environmental Centre）や、市内の食にかかわるコミュニティ活動を行うNPO団体「フードシェア・トロント」（FoodShare Toronto）、アフリカ系カナダ人を中心とした都市農業活動を支援するアドボカシー団体「アフリ-キャン・フードバスケット」（Afri-Can Food Basket）などの、食と都市農業にかかわるグループが複数含まれている。

農場と公園が融合した
ファームパークとしての運営

あらゆる人がかかわれる場のデザイン

BCCFの敷地（約3.2 ha）は、「保全農地」としてTRCAが所

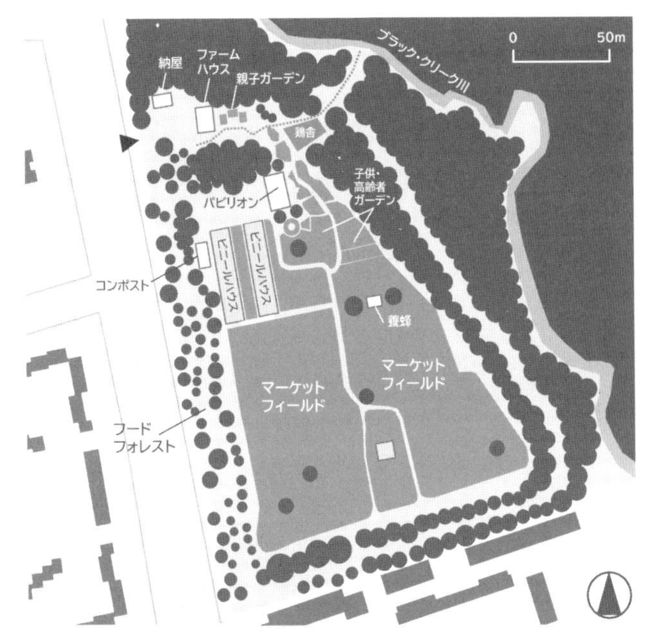

図 2･8　BCCF の平面図（筆者作成）

有者となる以前から、民有農地として利用されてきた土地である。敷地の北東部にはブラック・クリークという小川が流れ、保全林地に囲まれている（図 2･8）。

ガーナ出身の移民であるファームディレクターは、農場と公園の要素を合わせた「ファームパーク」をコンセプトに掲げ、「あらゆる職業・社会的地位の人々がかかわれる場」の創出を目指している。敷地内には、販売用の農地に加え、子ども・高齢者対象プログラムのガーデン、個人用の区画ガーデン、フードフォレスト[30]、屋外活動のためのパビリオン、オフィスとキッチン設備が備わった屋内施設がある（写真 2･14、2･15）。

写真2・14　マーケットフィールド（販売用畑）の外観（筆者撮影）

写真2・15　子ども・高齢者ガーデンの外観（筆者撮影）

BCCFでは、高齢者と子どもを対象としたガーデニングプログラム、学生向けの放課後農業や武道プログラム、新規移民親子向けガーデングループ、企業チームビルディング研修プログラムな

写真2・16　地域住民を招いた共同クッキングイベントの様子（筆者撮影）

どの提供のほか、野菜の定期購入制度、ボランティア活動などを行っている（写真2・16）。財源には、トロント市・カナダ国内で活動する慈善団体による助成金を複数活用している。例えば、トロント公園・樹木財団（Tronto Parks and Tree Foundation）、アーバン・ハーベスト・トロント（Urban Hervest Toronto）などによる助成実績がある。

また、こうしたスタッフが常駐する午前9時〜午後5時の時間帯であれば、プログラムの時間外でも入場できるため、地域住民の憩いの場にもなっている。

女性移民の希望を実現できるセカンドホーム

BCCFは、移住後の家族との時間を大切にしつつ、自分のスキル・知識を活かせる仕事に就きたいという思いを持つ多くの女性移民の希望を実現できる場としても機能している。

例えば、あるブラジル出身の女性は、母国では大学で生物学を

写真 2・17　ブラジル出身のスタッフとソマリア出身のスタッフが中心となって行っているフードフォレスト管理の様子（筆者撮影）

専攻し、卒業後は子育てをしながらパークレンジャーなどの仕事に就いていた。2016 年に配偶者の進学をきっかけにトロントに移住し、その後すぐに自分の経験を活かせるパートタイムの仕事を探したが、職業斡旋窓口では言葉の壁もあり、うまく職が見つからなかったという。

しかし移住から数カ月後、友人のブラジル人からボランティア活動に誘われたことを機に、近所にあった BCCF へ通うようになった。参加当初のモチベーションは参加者との交流を通じた英語の習得だったが、農作業のボランティアや農業のミーティングに参加するなかで、自分の住む地域のコミュニティについても学ぶことができたのだという。さらに参加を重ねるうちに、生物学の知識を活かし、市内の食糧安全保障に関する取り組みを 80 年代より実施する NPO 団体フードシェア（FoodShare Toronto）と連携し、コンポスト事業の仕事を担うようになり、翌年からは「フードフォレスト」の管理・企画を担当するまでになっている

（写真2・17）。

BCCFには家族を連れてきている女性スタッフも多いため、学校帰りの息子と一緒に訪れた際には、見守りを周りのスタッフに任せながら、農場のメンテナンスやボランティアの指導等を行うこともある。彼女は、子どもの成長を感じられるBCCFについて「セカンドホーム」だと語っている。

技能と経験を活かした自己実現の実験場

BCCFを支える人のなかには、移住前に自国で農業に携わっていたケースも複数ある。例えば、母国で若者を対象にした稲作と武道の教室を開いていたことがあるフィリピン出身の60代男性もその一例である。

彼は、配偶者の仕事の都合から家族でトロントに移住後、工場などに勤務していたが、喘息を発症したことをきっかけに仕事先から解雇される。その後、自分のファームを持つことを夢見ながら、知り合いの養鶏所の手伝いなどを行っていたという。

しかし、数年前に参加したボランティア活動を機にBCCFへ通うようになる。農業技術を提供する役割を少しずつ自主的に担うようになり、やがてファームディレクターの協力を得ながら、BCCFへの養鶏や小規模の水稲栽培の導入を進めることにもつながった。

また彼は、高校生を対象とした放課後の居場所づくり活動も行っており、その一環として「農業と武道」に関する無料教育プログラムをBCCFで実施している。目的は、学校で居場所のなくなった若者が、非行や犯罪に走るのではなく、農場に来てもらえるようにすることだという。「農場は自分にとってのラボだ」と彼が語るように、人々の生活に寄り添う場としてのコミュニティファームの魅力を感じられる実例である（写真2・18）。

写真 2・18　農場の養鶏・水稲栽培の管理の傍ら、高校生の無料空手教室を開講しているフィリピン出身の男性（筆者撮影）

新たな農の後継者として地域社会に貢献する移民像

以上のように、BCCFは、さまざまな背景を持った移民が、個々の専門を活かし、やりがいを発見しながら、地域に貢献できる場を提供している。コミュニティファームは、それまで社会でつながりを持とうとしていた移民がさまざまな役割を獲得できる場であり、地域の新たなコーディネーターとして育っていける土壌となっている。

今後日本でも都市の多民族化が進むなかで、外国人がいきいきと暮らせるよう、地域レベルの仕組みが必要となることが予想される。多民族都市として形成されたトロントの事例は、移民を新たな農の後継者として受け入れ、社会の持続性を担保していく可能性を示している。

CASE.16

農を通じて学び合える生涯教育プログラムを提供する

カルティベイティング・コミュニティ／ボックスヒル・コミュニティガーデン

（オーストラリア・メルボルン市、ホワイトホース市）

寄稿：鈴木杏佳

現地語表記	Cultivating Community ／ Box Hill Community Garden
土地所有	各市など
運営者	カルティベイティング・コミュニティ（非営利団体）、 ボックスヒル・コミュニティガーデン社（地域のボランティア組織）
設立時期	2018 年
財源	ヴィクトリア州保健福祉省・利用者が支払う利用料・寄付金など
面積	約 600 〜 800 m^2 ／件

戦後の食糧難を契機とした農園の普及

オーストラリアにおける都市型農園の歴史は第二次世界大戦後にさかのぼる。食糧難に陥ったオーストラリア全土で、食料供給や若者の就労訓練を目的として、空き地や使用されていない公共空間に、「ヴィクトリーガーデン」(victory garden)[31] が設置されたのがその始まりだ。その後、人々が集い教育の機会を提供する場として 1977 年にコミュニティガーデンがメルボルン市で設立され、その概念が国全体に広がったのである。オーストラリアのコミュニティガーデン発祥の地である同市には、現在も 46 カ所以上のコミュニティガーデンが存在するとされる。

いまでは、オーストラリア全土にあるコミュニティガーデンの活動を発信する「オーストラリア・シティファーム・コミュニティガーデンネットワーク」(Australian City Farm & Community Garden Network) やメルボルンの公共団地で複数のコミュニティガーデンの運営などを行う組織「カルティベイティング・コミュニティ」(Cultivating Community：以下、CC) など、個々の活動だけでなくそれぞれの農園のつながりも構築されている。

公共団地や学校での栽培と料理を通じた学び合い

1988 年に設立された非営利団体である CC は、ヴィクトリア州の公共団地や学校にある 22 カ所のコミュニティガーデンの管理・運営を、700 人以上の利用者と行っている。冒頭写真のフィッツロイ・コミュニティガーデン（Fitzroy Community Garden）もその 1 つだ。運営にあたっては、ヴィクトリア州保健福祉省から資金提供を受けている。

CC が管理・運営をするコミュニティガーデンでは、年齢や出身地、第一言語などが異なる背景を持つ人々が、共に汗を流しな

写真2・19　料理教室の様子（カルティベイティング・コミュニティFacebookページより）

がら活動している。公共団地では各国の伝統料理をつくるイベントやワークショップを開催しているほか、学校では放課後料理教室や野菜の栽培体験などを実施し、食や農作業に関する学び合いの機会を提供している（写真2・19）。

農作業を通じた学び合い

「ボックスヒル・コミュニティガーデン」（Box Hill Community Garden）は、メルボルン市中心地から電車で30分の郊外のホワイトホース市にある農園である。利用者の平均年齢が約60歳、韓国、タイ、中国、イタリア、オーストラリア、ニュージーランドにルーツのある人たちが集い、それぞれ利用料を支払ったうえで、割り当てられた区画で耕作している（写真2・20）

農園の運営委員会に名を連ねるブライアンは、2012年から参加しているメンバーの1人である（写真2・21）。彼は、ガーデンに来ると、自分の区画だけでなく、ほかの人の区画を30分ほどかけてじっくり見て回る。単に見て楽しむだけでなく、技術も学んでいるのだという。

逆に、自分が培った知識をほかの人に伝えることも楽しみの1

写真 2･20　レイズドベッド型のボックスヒル・コミュニティガーデン。奥には車椅子の利用者も（筆者撮影）

写真 2･21　トウモロコシを収穫するブライアン。「負けん気が強いので、ガーデンで一番の野菜を育てたい」と笑う（筆者撮影）

つとしている。栽培に関する知識が豊富な彼を慕うメンバーも多い。「ブライアンみたいには綺麗に育てられない。彼はいつもアドバイスをくれるよ」と話す、6カ月前に参加したばかりの親子や、自分の区画にいる虫への対処法について彼にアドバイスを求めにやってくる人もいた。彼自身、ほかの利用者から種を貰って育てたヤーコンを収穫しながら、「ほかの人から教わった仕方で新しい野菜を育てて料理をつくることは楽しい」と話していた。

食を中心にした学び合いから始まる相互理解

このように、ボックスヒル・コミュニティガーデンでは、利用者同士が持つ知識や技術を互いに共有し、育つ段階から悩みを一緒に解決しながら、収穫の楽しみまで一緒に味わう文化が根付いている。さまざまな背景を持つ人が集まり、今まで食べたことのない野菜や花に出会い、育て方や調理方法、美味しい料理などの情報を交換し、料理教室で食べる喜びまで共有する。こうした、誰にでも共通する「食べる」という行為を中心にした学び合いの場こそ、コミュニティガーデンである。

筆者は実際に、メルボルン市にある10カ所以上のコミュニティガーデンで農作業に参加して観察したが、場所によって利用者の特徴や年齢層は異なるものの、「学び合う」側面はいずれも共通していた。活動のなかでは、栽培中の野菜が盗難されたり、栽培方法への考え方の違いなどで衝突が起こったりすることもある。それも1つの学びとして、農作業を通して互いを理解しようとする姿勢を、誰しもが持てる場所になっているのである。

CASE.17

団地に暮らす
高齢者のアクティビティを誘発する

金町駅前団地コミュニティガーデン

(東京都・葛飾区)

土地所有	UR 都市機構
運営者	金町駅前団地花壇サポーター・UR コミュニティ城北住まいセンター
設立時期	2018 年
財源	UR コミュニティによる予算
面積	約 60 m²

歴史ある団地に生まれた共同花壇

東京都葛飾区にある金町駅前団地は、1968年に入居が開始された歴史ある団地である。設立から50年経過していることから、古くから住み続ける住民は70～80代となっており、高齢化が進行している。ここで2018年11月に団地の自治会発足50周年の記念と並行して行われたのが、駅前の団地広場空間を利用した共同花壇づくりである。

完成した花壇では、日常的な手入れや、数カ月に1度開かれる植え替え等のほか、ハーブの花から採れるオイルを使ったハンドクリームづくりなど、多様な活動が実施されている（写真2･22）。

住民による自主管理につなげるための支援

共同花壇の設置にあたっては、まず団地を管理する「URコ

写真2･22　平日の日中に設定された活動日に、住民とURコミュニティのスタッフらが手入れをする様子（筆者撮影）

ミュニティ城北住まいセンター」（以下、URコミュニティ）に対して、共同花壇の運営に関する相談と支援の要請が団地自治会から寄せられた。

その後、URコミュニティが設けたワークショップで、設置場所の検討や植える花の種類、花壇の運営方法を中心に、具体的にどのような花壇にしたいかについて住民らがアイデアを出し合いながら、計画と植え付け作業を行った。この過程では、URコミュニティにより外部から招聘されたコミュニティガーデンのコーディネーターである木村智子氏（Chapter 3でコラムを執筆）が、意見のファシリテーションや実際の植え付け・手入れ活動のアドバイスを担った。

このように、URコミュニティは共同花壇をめぐる活動を積極的に支援し、初期段階では苗や資材の予算も支出している。一方で、その意図には「自主性」「交流」「継続性」「自立」を据えており、ゆくゆくは住民自らで花壇を管理してもらうことが目指されている。

課題が残る中国人住民との交流

実は金町駅前団地では、中国人を中心とする外国人世帯が多い。都内で駅前という至便な立地にありながら、UR賃貸住宅は礼金や仲介手数料などが不要で、また家賃も比較的低廉で入居しやすいためである。こうした背景から、共同花壇を紹介する看板や活動の告知には中国語も用いられており、案内を目にした中国人居住者がガーデン活動に参加する例も時折見られる（写真2・23）。

一方で、頻繁に花壇の世話をするのは、団地自治会のコアメンバーをはじめとした一部の住民の力に負うところが大きい。特に団地自治会にも加入していない中国人住民とはまだほとんど交流が生まれておらず、日本語で挨拶をしてもなかなか答えてもらえ

写真2・23　花壇に設置された看板。右上に中国語で「お花の世話をしています」とメッセージが記されている（筆者撮影）

ないのが実情だという。これは、日中に団地に残って子育てを手伝う親世代の比較的高齢な中国人住民は、日本語に十分に習熟していない場合が多いことも一因と考えられる。

共同花壇での作業自体には高度な言語スキルがいらないとはいえ、何も会話できないとガーデニング活動を通じて本来得られるはずのコミュニケーションの楽しさは得られない。日本語と中国語、そして両者の文化をよく理解し、既存住民と中国人住民をつなげる役割を担える者が、日頃から活動をする住民に求められている。例えば団地に居住して大学等に通う中国人留学生の関心を呼び込めれば、そうした住民同士の橋渡しとしての活躍を期待できるかもしれない。

多世代・多文化交流の場としての期待

共同花壇が完成し、植物の手入れという外出のきっかけを自然に得られるようになったことで、部屋にひきこもらず、ほかの人と触れ合う機会を増やした住民の高齢者は少なくない。また、近隣の保育園にも近いことから、散歩で通りがかった子どもや保育園スタッフが花壇に興味を持ち、手入れ活動をしている住民と会話を交わす光景もみられるようになった（写真2･24）。一般的に高齢者の独居や孤独死が問題視されて久しいが、高齢者の多く住まう団地においては、さまざまな世代の住民が互いに活力や成長をもたらしあう交流が重要な要素になると思われる。この共同花壇で、団地に暮らす高齢者が、国籍にかかわらず活き活きと活動し、互いを見守りあう日を待ちたい。

写真2･24　活動の様子や次回の活動日を知らせて住民の参加を促す貼り紙（筆者撮影）

CASE.18

過密な住宅地での地域活性化と防災・減災に貢献する

たもんじ交流農園

（東京都・墨田区）

土地所有	私有地（多聞寺所有）
運営者	NPO 法人 寺島・玉ノ井まちづくり協議会
設立時期	2018 年
財源	セブンイレブン記念財団の助成金・自治体を通じたガバメントクラウドファンディング・貸農園区画利用料・イベント収入など
面積	約 660 m^2

農地のない地域で芽生えた農園構想

「たもんじ交流農園」は、東京都墨田区の北部に位置する都市型農園である。同区は人口27.8万（2022年6月時点[32]）、面積13.77 km^{2}を有する一方で、緑被率[33]は10.5％と東京23区中21番目と低く（2009年時点）[34]、農地は存在しない。

たもんじ交流農園を設立した「寺島・玉ノ井まちづくり協議会」（以下、てらたま）は、スカイツリー建設事業に伴い2007年に近隣の商店街が立ち上げた「寺島・玉ノ井まちおこし委員会」を起源とする組織である。現在の会員は26名で、墨田区内、スカイツリー脇を流れる北十間川より北部を活動範囲としている。2011年に拠点として「玉ノ井カフェ」を開業し、区役所とも連携しながら、地域を盛り上げるための各種活動を行ってきた。2014年にまちづくり協議会に改組ののち、2017年には墨田区の主催するふるさと納税を通じたガバメントクラウドファンディング助成の受給資格を得るため、NPO法人格を取得している。

たもんじ交流農園は、この地にルーツのある江戸野菜「寺島なす」を地域活性化に活用しようとする、てらたまのプロジェクトから始まった。旧寺島村で江戸時代に栽培されていた寺島なすの種子がつくば市の農業生物資源研究所に保存されていることがわかり、その提供を受け、2012年に東向島駅前の花壇などに植え始め、広めていったのである。

その後、てらたまのメンバーで意見交換や議論を進め、寺島なすの栽培を通じてさまざまな人の交流を生むことを目的に、約200坪（660 m^2）の臨時駐車場であった空き地を所有していた多聞寺の住職に、その土地をコミュニティ農園として使わせてもらえないかと相談した結果、無償で借りることができ、農園設立プロジェクトが開始された。

地域住民の手による整備

2017年、多聞寺の厚意により無償で借りられたこの土地で、まず雑草抜きや土壌の整備が実施された。敷地に広がっていたドクダミの根を抜くのは一苦労だったという。また、かつて住宅も建っていた砂利地だったため、土壌の安全性を確かめる地質検査も実施された。周辺の路地は細いが、追加の栽培用土壌はダンプカーでピストン輸送して運び込まれた。2018年3月には、墨田区長も参加のうえ開園式が実施された。

農園の設計は、てらたま会員である建築デザイナー事務所の代表が適宜担当している。敷地は「交流農園」とされる12の農園区画が大部分を占め、その内訳として有料で貸し出す区画と寺島なす等を共同で育てるための区画、子ども用の区画がある（写真2･25、図2･9）。また、当時墨田区には芝生で遊べる場所がなかったことから、てらたまメンバーの要望もあって芝生が張られ、築

写真2･25　寺島なすのほか、トマトやサトイモなどの野菜が植わっている交流農園の区画（筆者撮影）

山がつくられた。ウッドデッキやビオトープ、物置、ピザ窯などもすべて手づくりで制作・設置された（写真 2･26）。

さらに 2019 年には、広場や通路の舗装、花壇、ブドウ棚（巨峰）が整備された（図 2･9、写真 2･27）。入口には、木材を加工した「人」の字型の門が設置され、藍染めのれんが掛けられた（写真 2･28）。いずれも工務店を営むメンバーが制作したもので、「人つながる」という墨田区のスローガンを意識している。

ブドウは、てらたまの副理事長（当時）の自宅の庭から移植されたものである。ほかに、理事長（当時）の家から移植されたミカンの木が入口付近に、地域の植木屋から寄贈された枝垂れ桜がビオトープ隣にそれぞれ植わっている。桜は、農園で育てられている野菜のように、一緒に野菜を育て収穫を手伝う子どもたちも素晴らしい大人に成長するようにという思いを込めて「はぐくみの桜」とガバメントクラウドファンディング支援者の 1 人によっ

写真 2･26　ウッドデッキとピザ窯（筆者撮影）

て名付けられている。

このように、たもんじ交流農園は、地域住民の力を合わせて手づくりされてきた。農園が自分たちの空間であるという感覚を、地域住民の間に育むことにつながっている。

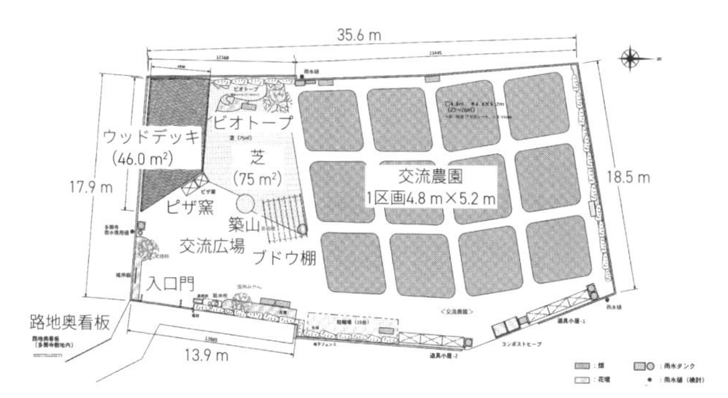

図 2・9　第三期（2019 年 4 月～ 2020 年 3 月）のたもんじ交流農園の設計図（てらたま提供資料に筆者加筆）

写真 2・27　ブドウ棚の下で休む利用者ら（筆者撮影）

写真 2・28　手づくりの「人」型の門（筆者撮影）

商店街をベースとした 多様な人材による運営と資金調達

たもんじ交流農園の活動日はおおむね毎週日曜日だが、鍵はかかっておらず、誰でもいつでも入ることができる。多聞寺の部屋を打ち合わせ等の用途で借りることもでき、寺の洗面所が使用可能である。

農園で収穫された寺島なすは、地域住民や飲食店に提供されている。ジャガイモ堀りのほか、夏にはナス、秋には落花生を主とした収穫祭などのイベントも実施されている。児童館や不登校児童・生徒の復帰を支援するため墨田区が企画している「ステップ学級」とも連携を行っており、子どもを招くこともある。窯でピザをつくるイベントの際には 120 ～ 130 人が集まったという。2022 年には、車椅子の利用者も農作業を楽しめるレイズドベッドが、業者の協力も得ながら製作された（写真 2・29）。

写真 2・29　車椅子用にデザインされたレイズドベッド（筆者撮影）

経費については、造成・建設費用はガバメントクラウドファンディングで集めた資金や民間助成金から、運営費用はてらたまの資金で賄っている。

このうちガバメントクラウドファンディングでは、墨田区の事業「すみだの夢応援助成金」を利用している。これは地域活性化に取り組む市民団体の資金調達を支援しようと区が設けたクラウドファンディング制度で、寄附者はふるさと納税と同様に所得税等の控除を受けられる仕組みになっている。てらたまはこれまでに 2017 年、2018 年、2019 年、2021 年の 4 回にわたりクラウドファンディングに挑戦し、それぞれ約 120 万、150 万、170 万円、110 万円の資金調達に成功している。ほかに、セブンイレブン記念財団の「環境市民活動助成金」の「活動助成」からも、2018 年と 2020 年に約 100 万円ずつ得ており、造成・建設は一段落している。

一方、農園運営の主な財源は、農園の会員から徴収している会費（5,000円/月×24区画×12カ月＝144万円/年）である。これに加えて、イベント参加費から数十万円/年、そしてナスの苗・収穫物の販売から数万円/年も確保している。

主な経費にはイベント開催にかかる費用や水道代等の農業関連費用、農作業の講師に対する報酬等があるが、最大の使途は固定資産税の支払いだ。通常、宗教法人の活動に供する土地には固定資産税が非課税だが、てらたまが借りて一部有料の貸農園利用をしていることから、62万円/年が土地所有者である多聞寺に請求され、協議会が支払う形になっている。

現在のところは、固定資産税支払いを含め、てらたまのほかの予算から充当する状態にはなっていない。しかし、今後の持続的な運営のために、農園全体の管理人の設置に係る謝金や、ボランティアへの謝金支払い、継続利用しやすい価格帯への農園会費の値下げが必要になっており、その費用捻出のため固定資産税の減免を目指している。東京都では本来、公益のために用いられている土地であれば固定資産税は減免されることになっているため、会費徴収を伴う貸農園がある点をどう解釈するかという点について、都と交渉しているという。

このほかに、寺島なすを中心とする農園収穫物を加工し、商店街の飲食店・総菜屋に継続的に販売する案も出ている。

防災・減災のために果たせる役割

たもんじ交流農園の位置する地域は「木造住宅密集地域」（以下、木密地域）[35]であり、地震や火災といった防災・減災対策が課題となっている。東京都も農園のある墨田区五丁目を「不燃化特区」と定めており、不燃建築物への建て替え促進や、安全な避難のための支援を実施し、道路拡幅や市街地再開発も進めていく予定である[36]。

木密地域をはじめとして、細い街路や狭小な住宅が多く存在する墨田区では、緊急車両の通行や災害時の避難場所が課題となっている。そのため、オープンスペースは延焼防止や避難場所の提供として重要な役目を担う。東京都でも避難場所や仮設住宅用地、災害対策資材置き場、食料供給に利用できる協定が結ばれている農地は、「防災協力農地」とする取り組みがある[37]。しかし、墨田区には農地がない。こうしたなかでは、新たに整備が進む公園とともに、たもんじ交流農園のようなオープンスペースの創出が望まれる。

また墨田区では災害時の初期消火の水や生活用水、ヒートアイランド対策としての打ち水としての利用を想定し、雨水タンクの設置が推進されており、そのための雨水貯留槽の本体価格と設置経費を合わせた費用の半分を助成する助成金（上限５万円）も設けられている。たもんじ交流農園にも雨水タンクが複数設置されているが、これらはかつて同区環境保全課が運営していた環境ふれあい館の閉館時に譲り受けたものである。平常時には水やりにも使うことができ、災害対策をしながら水を活用することで、環境保全にも防災・減災にも役立っている。

減災にあたっては、強固なコミュニティを平常時から築いておくことも重要である。非常時に互いの安全を確認しあい、避難や救出といった局面で協力できるからだ。また、日常的に顔を合わせられるだけでなく、感染症蔓延時には一定の距離を取りつつ人と会ったり体を動かしたりできる空間は、身体・精神面での健康を保つ場所としても役立つだろう。過密な市街地においては、こうしたリスク低減の観点から、たもんじ交流農園のような空き地を活用した都市型農園が重要な役割を果たすはずである。

補注・引用文献

1) 社会都市プログラムで行われたプロジェクトの大部分は、2020 年に始まった「社会的結束」（Sozialer Zusammenhalt）というプログラムに引き継がれた。
2) Bundesministerium für Wohnen, Stadtentwicklungund Bauwesen (2021) Programm Soziale Stadt.
https://www.staedtebaufoerderung.info/DE/ProgrammeVor2020/SozialeStadt/Programm/programm_node.html（2022 年 7 月 26 日閲覧）
3) ベルリン市には比較的廉価な住宅を管理・賃貸する公益住宅企業が 6 つあり、各企業は有限会社または株式会社として運営されている。それらの企業の所有者と株主はベルリン州である。
4) Stadt Wien (2021) Statistisches Jahrbuch der Stadt Wien.
https://www.wien.gv.at/statistik/publikationen/jahrbuch.html（2022 年 6 月 8 日閲覧）
5) ほかにレクリエーション地域として含まれるのは、「公園施設（Parkanlagen）」、「運動・娯楽広場（Sport- und Spielplätze）」、「公共浴場（Freibäder）」、「バーデヒュッテのための土地（Grundflächen für Badehütten）」、「市民の健康に資する、市民の保養に必要なその他の土地（sonstige für die Volksgesundheit und Erholung der Bevölkerung notwendige Grundflächen）」となっている。なお、バーデヒュッテは湖や川に面して立地するクラインガルテンに似た施設である。
6) 2011 年のウィーン市の統計（10 年ごとに実施）によれば、一戸建て住居に住んでいる人口は 8.9% であった。ORF.at (2013) 40 Prozent leben in Einfamilienhaus.
https://oesterreich.orf.at/v2/stories/2618605/ より（2022 年 6 月 8 日閲覧）
7) 2016 年時点の情報。Shimpo, N., Wesener, A. and McWilliam, W. (2019) How community gardens may contribute to community resilience following an earthquake. Urban Forestry & Urban Greening, 38, 124-132
8) これは都市計画分野で有名なエベネザー・ハワードのガーデンシティ（田園都市）の概念とは異なり、「ガーデンの多い都市」という意味でのガーデンシティがクライストチャーチ市には適用されている。
9) Environment Canterbury (n.d.) How many people live in Canterbury?
https://www.ecan.govt.nz/your-region/living-here/regional-leadership/population/census-estimates (2022 年 6 月 19 日閲覧)
10) Christchurch City Council (2010) Public Open Space Strategy 2010-2040
https://ccc.govt.nz/assets/Documents/The-Council/Plans-Strategies-Policies-Bylaws/Strategies/PublicOpenSpaceStrategy.pdf (2022 年 6 月 19 日閲覧)
11) 2022 年の情報。Canterbury Community Garden Association (2022) Garden Directory.
http://www.ccga.org.nz/garden-directory/（2022 年 6 月 8 日閲覧）
12) Christchurch City Council (n.d.) Food Resilience Policy.
https://ccc.govt.nz/the-council/plans-strategies-policies-and-bylaws/policies/sustainability-policies/food-resilience-policy/ (2022 年 6 月 8 日閲覧)

13) New Zealand Police (n.d.) List of deceased.
https://www.police.govt.nz/news/major-events/previous-major-events/christchurch-earthquake/list-deceased/（2022 年 7 月 8 日閲覧）
14) Moata (2015) Five years of filling gaps.
https://my.christchurchcitylibraries.com/blogs/post/five-years-of-filling-gaps/（2022 年 6 月 8 日閲覧）
15) Gap Filler (n.d.) Portfolio.
https://gapfiller.org.nz/portfolio/（2022 年 6 月 8 日閲覧）
16) Gap Filler (n.d.) Gap Filler People.
https://gapfiller.org.nz/about/people/（2022 年 6 月 8 日閲覧）
17) 現在はザ・グリーンラボ（The Green Lab）という団体に変わっている。参考：The Green Lab Web サイト：http://thegreenlab.co.nz/story/
18) 7) の文献に同じ。
19) 従前の住宅地とその後の更地状態は次のサイトなどで見られる。Stuff（2019）https://interactives.stuff.co.nz/2019/09/christchurch-red-zone-to-green/（2022 年 6 月 8 日閲覧）、MailOnline（2019）
https://www.dailymail.co.uk/news/article-7528019/Christchurch-earthquake-red-zone-revealed-incredible-new-pictures.html（2022 年 6 月 8 日閲覧）
20) 登録協会（e.V.: eingetragener Verein）は、①設立時 7 人以上の構成員、その後最低構成員数 3 人以上を維持、②定款に、目的・名前・所在地、構成員の入退会等を記載、③非営利目的などの条件で設立可能である。室田昌子(2007)ドイツの都市計画関連分野における登録協会の活動と組織運営に関する基礎的研究。都市計画報告集 6、1-7 より。
21)「広義での移民的背景を持つ人（Bevölkerung mit Migrationshintergrund im weiteren Sinn)」とは、自身が移民である人だけでなく、同一世帯の親かどうかを問わず親が移民であるといった人の両方を指す。
22) Statistisches Bundesamt (2020) Bevölkerung und Erwerbstätigkeit: Bevölkerung mit Migrationshintergrund -Ergebnisse des Mikrozensus 2019 -.
https://www.destatis.de/DE/Themen/Gesellschaft-Umwelt/Bevoelkerung/Migration-Integration/Publikationen/_publikationen-innen-migrationshintergrund.html（2021 年 2 月 1 日閲覧）
23) 本項で扱うハノーファー市の事例については、次の報告に詳述されている。渡辺雄太・雨宮護・新保奈穂美（2017）ドイツにおける多文化共生ガーデンの取り組み実態とその社会背景。都市計画報告集、16、240-246
24) 大塚敦子（2006）平和の種をまく―ボスニアの少女エミナ―、岩崎書店。
25) 公益財団法人愛知県国際交流協会（2017）ワールデン物語。
26) Anisef, P. and Lanphier, C.M. eds. (2003) The world in a city. University of Toronto Press
27) 内容は 2017 年 2 月～ 3 月に行った取材にもとづいている。
28) McLean, B. (2004). Paths to the Living City: The Story of Toronto and Region Conservation Authority. Toronto and Region Conservation Authority

29) Black Creek Community Farm (2019) About us.
https://www.blackcreekfarm.ca/about-us/（2020 年 4 月 29 日閲覧）
30) フードフォレストとは、果物やナッツ、野菜など食べられるものが収穫できる森のことである。
31) ヴィクトリーガーデンとは、欧米諸国で政府がつくることを奨励した、第一次・第二次世界大戦中に食料確保のために野菜を植えた庭のことである。
32) 墨田区（2022）令和 4 年度　墨田区世帯人口現況 6 月分。
https://www.city.sumida.lg.jp/kuseijoho/sumida_info/population/monthly/ta301000R0404.html（2022 年 6 月 9 日閲覧）
33) 緑被率とは、ある地域または地区における、草木などの緑が占める面積の割合のことをいう。
34) 墨田区（2011）墨田区緑の基本計画　第2章　その1。
https://www.city.sumida.lg.jp/kuseijoho/sumida_kihon/ku_kakusyukeikaku/midorinokihonkeikaku.html（2020 年 11 月 28 日閲覧）
35) 木造住宅密集地域とは、狭い敷地の木造住宅が高密度に建て込んでいる地域のことを指し、緊急車両が入りにくく、火災が広がりやすいことから防災上対策が必要とされている。「木密」などと略される。
36) 墨田区（2020）木密地域不燃化 10 年プロジェクト推進事業。
https://www.city.sumida.lg.jp/kurashi/funenka_taishinka/funenka/joseikin/10nenpuro.html（2021 年 1 月 13 日閲覧）
37) JA 東京中央会（n.d.）災害協定マップ。
https://www.tokyo-ja.or.jp/farm/city/disaster_map.php（2021 年 1 月 13 日閲覧）

Chapter 3

都市に農を取り入れるためのポイント

1　土地を確保する――農園？ 公園？ 空き地？

土地ごとに変えるべきアプローチ

都市型農園の開設にあたってまず必要なのが、土地の確保だ。都市型農園に用いられる土地の、もともとの土地利用はバリエーションに富んでいる（表3･1）。おおむね、「市民農園・体験農園」は農地に、都市公園法にもとづき開設される「分区園」（主に公園内の貸農園に使われる用語）は都市公園に、そして近年増加している「コミュニティガーデン」は農地や都市公園のほか、空き地に開設されている。空き地にも種類があり、住宅用地、工業跡地、公園、社会福祉施設の敷地、商業施設の屋上など多種多様である。

そこでまず、元来の土地利用ごとに、都市型農園の設置に向けたアプローチを紹介する。

（1）農地を活用する場合

注意したい独自の法制度・慣習

まちなかに農地があるのは日本の特性であり、大きな活用可能性がある。その一方で、独自の法制度や慣習に留意する必要もある。

農地は関連法制度や主体が複雑であるため、実際に活用する際には農政や都市計画に関する自治体担当課と綿密に相談したうえで進めることをおすすめしたい。ただし、自治体の担当者

表3･1　都市型農園の種類ごとにみた元来の土地利用

都市型農園の種類	元来の土地利用
市民農園、体験農園	農地
分区園	都市公園
コミュニティガーデン	農地、都市公園、空き地（住宅用地、工業跡地、社会福祉施設の敷地、商業施設の屋上など）

は、農地を純粋な農業以外に用いることについて、前例を知らずためらう可能性がある。他自治体の先進事例の紹介などをするとよいだろう。

なおここでは、開設方法が確立されている市民農園ではなく、近年登場してきている、農作業体験や、障害者や高齢者の居場所づくり・雇用促進・健康増進を意図した農園や、コミュニティガーデンのような共同利用的な農園を開設する場合を想定する[1)]。

所有者との出会いと関係構築

農地の場合は、まず貸してもらえる農地所有者と知り合わなければならない。期待できるのは耕作放棄や低利用となっている農地で、そのなかで比較的アクセス条件が良いところであると理想的だ。所有者にとっては土地の管理を代わってもらえるメリットがあり、開設後の利用希望者にとっては利便性が高くなるためである。

そうした農地を探すには、自治体や農業委員会、周辺住民に尋ねる必要がある。無事にそうした農地が見つかり、所有者が特定できても、先祖代々の土地を他人に貸すのは抵抗がある可能性は大いにある。社会のために何を行おうとしているのかを明確に説明したうえで、法律や契約にもとづいて適切な貸借を行い、何かあった際には原状復帰して返すことを約束するなど、信頼関係の構築が欠かせない。

農地の区分によって異なる貸し借りの条件

農地の貸し借りは、その農地の区分ごとに条件が異なってくる。大きく、

①市街化区域内にある一般の農地（生産緑地地区指定がなされていない、いわゆる「宅地化農地」）

②生産緑地地区指定を受けた農地

③市街化区域外にある一般の農地

④市街化区域外にある農業振興地域（農振地域）内の農地

に分けられる。ここでは都市型農園に関連の深い①・②を取り上げる。執筆時点（2021年7月）の状況を踏まえて書いているが、近年は関連法制度が大きく変わってきているため、最新情報を各関係機関に確認していただきたい。

①市街化区域内にある一般の農地

①は、将来的に宅地化するとされている農地であり、固定資産税の評価額は宅地並みとなっている。そして三大都市圏の特定市では宅地並み課税がなされるが、それ以外の市町村では農地に準じて課税され一般的にはある程度負担が抑えられている。前者はもちろん、後者であったとしても納税は発生していることから、所有者としては無償ではなく有償の農地の貸し借り（賃貸借）を望む可能性があるだろう。

そのため、採算が取れるような活動内容・コンテンツをつくれる見込みがあるか、あるいはほかの事業からの利益を使える状況でない場合は、農地を借りるのではなく農地所有者（農家）の農業経営を手伝う「援農方式」もオプションとなる。

また借りる場合、契約にあたっては、農地法第3条にもとづき、市町村に設置されている農業委員会の許可を得る必要が基本的にはあることに留意しよう。農作物の生産・販売という従来の農業を前提としているであろう農業委員会の立場からすると、福祉農園のように、障害者や高齢者に農作業・加工・出荷にかかわるスタッフとなってもらうような活動であれば、農業の派生形として認められやすい事業計画かもしれない。一方で、耕作とともに交流を主な目的にしたコミュニティガーデンのような活動は、必ずしも農業と言えないため、現時点では認められにくいだろう。

とはいえ、生産はもちろん、食育や共生といった機能を持つ社会的インフラとしての農地の役割が一般に浸透していけば、こうした状況は変わっていくはずだ。むしろ、変わっていかなければならないだろう。

②生産緑地地区指定を受けた農地

②は、もともと、固定資産税や相続税などに関する優遇を受ける代わりに、所有者自身が30年間営農しなければならないと定められた土地である。2018年の「都市農地貸借法」(正式名:都市農地の貸借の円滑化に関する法律) 施行により貸し借りが容易となり、所有者は税制優遇を受けたまま、農地を貸すことができるようになった。しかも、契約が自動更新される農地法による貸借とは異なり、契約期間経過後には農地が返却されるので、所有者としては比較的安心して農地を貸すことができる。

また、借り手は事業計画を作成して市区町村の認定を受ける際に農業委員会の決定を経るため、改めて農地法にもとづく農業委員会の許可を受ける必要はなく、手続きもスムーズである(市民農園を開設する場合は異なる)。ただし、事業計画の内容は、該当農地の周辺の生活環境と調和のとれる利用を確保するものであることが必要なほか、以下の6つのいずれかの要件を満たさなければならない。

①生産した農産物やその加工品を、農地のある市区町村内か隣接する市区町村内、あるいは、都市農地がある都市計画区域内で販売する。

②農業体験農園や福祉農園、学童農園などの都市住民が農作業を体験する取り組み、都市住民が交流を図る取り組みを行う。

③都市農業振興に関し、試験圃場や実験圃場として使うほか、

農業者の育成や確保に向けた研修等を行う。

④農地を災害発生時に一時的な避難場所として提供したり、農産物を優先的に提供するなどの事項を盛り込んだ、防災協力に関する協定を地方公共団体等と締結する。

⑤耕土の流出を防ぐための防風ネット設置など、国土保全に資する取り組みや、減農薬・無農薬栽培等の栽培方法を選択することで環境保全に資する。

⑥自治体や農協等が生産を奨励する作物や伝統野菜を導入するか、狭小な都市農地で少量多品目の栽培等の収益性を高くする栽培方法、高品質な農産物を栽培するための栽培方法等を選択する、またはその他の地域の都市農業振興につながる取り組みをする。

本書で紹介したような都市型農園は、必ずしも本格的な農業を行う場所ではなく、さまざまな都市住民が農作業をする場所である。したがって、同様の事例を目指すのであれば、②を満たす事業計画を立てるのがよいだろう。

生産緑地の貸借に関しては、まだ新しい法律にもとづいて行う必要があり、現状では前例も少ないためハードルはやや高いかもしれない。しかし、市街化区域内のため周辺住民が通いやすいアクセス条件や、良質な土壌を使える可能性、農地の後継者不足と保全の重要性を踏まえると、生産緑地を活用した都市型農園の開設は進められていくべきだろう。

(2) 都市公園を活用する場合

開設する 2 つのパターン

都市公園に都市型農園を開設する場合、次の２つのパターンが考えられる。

①市民農園のように区画分けされた貸農園（分区園）として開

設する

②多様な人々が共同で耕作・栽培するコミュニティガーデンとして開設する

①分区園として開設する

①のケースは、都市公園法施行令において、分区園が公園施設における教養施設の1つとして明示されていることから、法律上は問題なく開設できる。神奈川県横浜市のように先行事例もあることから[2)]、自治体を通じた開設プロセスも明確だろう。市民から強い要望があって自治体が農園を開設するか、自治体が最初から主導して農園を開設するという展開が考えられる。

一方で、公共空間での収穫物が特定の人々だけの利益になるのは適切なのか、という意見が寄せられる可能性もあることから、自治体にとって設置に踏み切りにくいことも懸念される。誰でも農園利用を申し込めることをどう解釈するかの問題だが、これに関しては都市型農園が増えていき、住民誰もが使える一種のインフラとして広く認識されるようになっていけば、状況が変わっていくかもしれない。

②コミュニティガーデンとして開設する

②は市民団体の側からコミュニティガーデン活動をしたいと自治体に相談するケースと、自治体が率先して事業を行うケースが考えられる。①と同様に、収穫物が原則としてない花壇であれば認められる事例は多数あるが、収穫物がある場合は難易度が高くなる。

しかし、地域住民が街区公園内で野菜を収穫するコミュニティガーデン事業を展開している先行事例もあることから、必ずしも不可能ではない。例えば富山県富山市の場合、修景施設[3)]の花壇としてコミュニティガーデンを位置付けている（写真3·1）。収穫は「植物の採取」にあたり、同市の都市公園条例によれば本来禁じられているが、富山市コミュニティガーデン事業実施要綱第６条をみると、「地域コミュニティの中で、収穫の喜びを分かち合う目的で処分すること」として特例的に認められている（表3･2)。本事業におけるコミュニティガーデンの基本的な設置プロセスとしては、まず街区公園の周辺住民から成る公園愛護会のメンバーが活動取り組み団体の登録と実施計画書の作成を行い、それを受けて富山市が公園施設の管理許可を出し、使用料の減免を行ったうえで、造成・整備を行うことになっている。ただし、住民側で初期整備を行うこともあるという。

誰でも参加可能なオープンな空間とすれば、コミュニティガーデンは分区園以上に公共性の高い都市型農園となる。Chapter 1で紹介した兵庫県神戸市の平野コープ農園でも、実証実験の段階ではあるが、誰でも収穫できる農園と、農家の指導を受けながら

写真 3･1　街区公園内にあるコミュニティガーデン（富山県富山市）（筆者撮影）

表3･2　富山市コミュニティガーデン事業実施要綱（富山市提供資料）

（趣旨）	
第1条	この要綱は、街区公園内で取り組むコミュニティガーデン活動について必要な事項を定めるものとする。 2 コミュニティガーデンとは、地域住民が自主的活動により企画・運営を行う「緑の交流空間」のことをいう。
（目的）	
第2条	この事業の目的は、地域住民の交流の場となる街区公園において、地域住民が花や野菜などを育てることにより、ソーシャルキャピタル（社会的絆）の醸成を図ることを目的とする。
（事業）	
第3条	この事業は、街区公園の一画を活用して、地域住民の自主的活動により、「緑の交流空間」を企画・運営する活動を推進するもので、対象となる取組は、地域コミュニティにおいて合意形成された取組とする。
（事業実施主体）	
第4条	事業実施主体は、当該街区公園の管理を専ら行う公園愛護会とする。 2 事業実施主体は、市と事前に協議し、街区公園コミュニティガーデン事業実施計画書を提出したうえで、街区公園コミュニティガーデン活動取組団体として登録するものとする。 3 市は、登録を受けた事業実施主体に対し、必要に応じて活動の協力を行うものとする。
（事業の対象となる植物）	
第5条	この事業で栽培する植物は、原則として、通常の栽培方法で、生育のサイクルが1ヵ年を越えないものとする。
（収穫物等の取扱い）	
第6条	この事業の取組において収穫物等が生じた場合において、収穫物等はこの事業に取り組む事業実施主体の財産とする。 2 収穫物等は地域コミュニティの中で、収穫の喜びを分かち合う目的で処分することとする。
（富山市都市公園条例との関係）	
第7条	事業実施主体は、富山市都市公園条例第6条第1項の許可（都市公園法第5条による、公園施設管理の許可）を受け、コミュニティガーデンを管理するものとする。 2 事業実施主体は、前項の許可を受けることにより、富山市都市公園条例第4条により、行為が禁止されている植物の採取（収穫）ができるものとする。
（行為の禁止）	
第8条	この事業による活動において次に掲げる行為をしてはならない。 (1) 恒久的な構造物を設置すること (2) 公園施設の形状を変更すること (3) 他の公園利用者に危険が及ぶ行為をすること (4) 上記のほか、市長が都市公園の管理に支障があると認める行為をすること
（細則）	
第9条	この要綱に定めるもののほか、事業の実施に必要な事項は、市長が定める。

野菜栽培を体験できる農園が都市公園内に設置されている。都市公園は計画的な配置が目指されており、住宅の近くに一定程度あることが原則であるため、都市住民が日常生活のなかで農的活動に取り組み、人々とつながることができる場としてのポテンシャルが高い。

欧州やニュージーランドにおいては、農作物をつくるコミュニティガーデンが公園内にみられる。米国でも例えばニューヨーク市ではコミュニティガーデンを公園部局の一組織が管理している[4)]。これらの国では、公共的な緑地として都市型農園が認められていることの表れといえる。日本でも都市公園の活用方法の１つとして、都市型農園を扱う自治体が増えることを期待したい。

(3) 空き地を活用する場合

利用の幅が広がる自由度の高さ

細かなアプローチは事例ごとに異なるが、私有の空き地を活用する場合、基本的には土地所有者にコンタクトを取ることから始めるべきだろう。土地所有者と交渉して、使用貸借あるいは賃貸借の契約を結ぶ必要がある。公有の空き地の場合も、自治体等とよく相談しなければならない。

農地とは異なり、耕作義務のような制限があるわけではないので、借りることができれば、活動の自由はかなりきくことになる。周辺住民に配慮する必要はあるが、例えば芝生広場やウッドデッキ、テーブル、ピザ窯を設えるなど憩いの場をつくったり、あるいはマルシェを開いたりと、農作物栽培にとどまらない、複合的な利用をよりしやすいことが空き地活用の強みである。

障害者支援施設などの社会福祉施設や、ショッピングビル・モールなどの商業施設の場合、施設の所有者や運営者自体が都市型農園を構想して開設するケースも多い。ショッピングビル・

写真3･2　ブランチ神戸学園都市（兵庫県神戸市）屋上におけるレイズドベッド型農園
（筆者撮影）

モールの場合は屋上にレイズドベッドを置くことで、設置や撤去が比較的容易な農園とすることが多く見られる（写真3･2）。屋上に直接土を敷いて畑にするには、耐荷重や排水に関する設計が必要であり、費用・メンテナンス面でも課題が多いためである。なおレイズドベッドの高さを調整することにより、高齢者や車椅子利用者もかがむことなく栽培作業に取り組めることもあり、ユニバーサルデザインのガーデンもつくりやすい。

チェックしたい空き地のマッチングシステム

一般的な空き地については、自治体が空き地所有者と利用希望者をマッチングするシステムを用意している場合がある。

例えば本章で後ほど詳しく紹介する千葉県柏市の「カシニワ情報バンク」はその一例である（図3･1）。自治体が土地を貸したい人や活用したい市民団体の情報を集め、両者でうまく適合するも

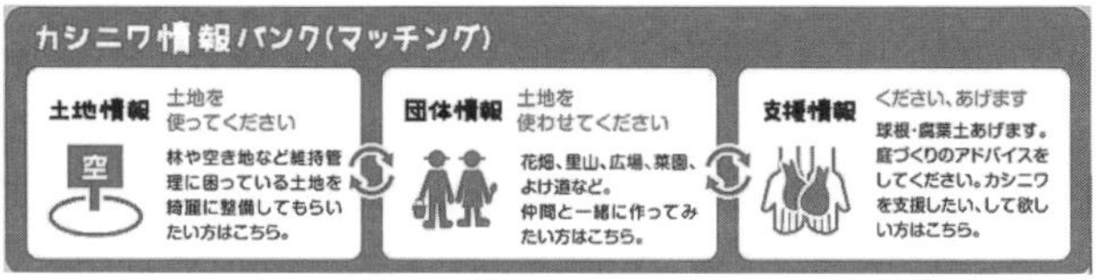

図 3･1　カシニワ情報バンクの仕組み（柏市による「カシニワ・おにわ」のパンフレットより）

のがあれば活動の協定締結を支援する仕組みである。土地や市民団体の情報はウェブサイトで一覧できるようにもなっている。さらに活動に対しては「一般財団法人柏市みどりの基金」からの助成金も用意されており、苗の購入などに使えるようになっている。新たに都市型農園を設立したい人々にとっては、大きな助けとなるマッチングシステムである。なお 2021 年度からは「カシニワ・おうち」として空き家もマッチング対象に加わることとなった。空き家と空き地がうまく近接すれば、両者を組み合わせて、例えば農園で取れた野菜をすぐに料理するキッチンをつくれるなど、より幅広い活動を可能とする空間づくりができるだろう。

人口減少が進み、空き地や空き家が増えるなかでは、土地・物件ストックをいかに荒らさず、活用して、魅力的なまちづくりをするかが問われている。カシニワ制度のようなマッチングシステムがほかの自治体にも広まっていき、農あるまちづくりが進むことが望ましい。

2　担い手・協力者を探す
——無理なく仲間を集めよう

無理せず少人数から始めることが長続きのコツ

都市型農園を始めたくても、1 人ですべてを担おうとすると心が折れやすい。まずは自分の考えを周囲の人に話してみて、賛同して一緒に取り組んでくれる仲間を数人確保することが大事である。活動しようと思っている土地の近くに暮らしていたり、働いていたりする人が望ましい。生活圏から遠いとなかなか通うことは難しく、足が遠のいてしまうからである。

また、あくまで自発的な意欲を基本とするべきで、「どうしてこうしてくれないのか」「もっとかかわってほしいのに」という気持ちで仲間と接しても、うまくいかないだろう。自分自身も含めて、一生懸命かかわりつつも「なんとかなる」の精神を持ち、気楽にゆるやかな心で前向きに取り組む。この姿勢が、さまざまな交渉や調整を乗り越え、活動を長続きさせるコツである。

世代ごとの役割・アプローチ

経験を活かして居場所・役割を見出す高齢世代

都市型農園のリーダーやコアメンバーとなるのは、仕事や子育て等が一段落した、50～60代の地域住民であることが多い。体力が十分にあり、これまでの経験を活かして農園の設備づくりに貢献したり、円滑なコミュニケーションを進めたりと、活動の中で適材適所に活躍できる可能性を持っている。勤めを終えるなどして、社会での居場所や役割を探している人にとっても、農園の活動を支え地域を豊かにするという社会貢献は魅力的なのだろう。

70代以上の地域住民が元気に農園活動に参加している姿や、互いに見守り合う光景もよく見られる。彼ら・彼女らが、地域の若い夫婦の子どもの面倒を見ている姿も珍しくない。高齢化が進む地域社会で、農園を通じた50代以上の人々の貢献は大きい。

身の丈に合ったかかわり方を見出す若年世代

対して、20～40代の若い世代は、仕事や子育てに割く時間が多くを占め、地域に貢献する活動に積極的にかかわる余裕に乏しく、都市型農園の立ち上げや運営にかける時間も見つけづらいだろう。しかし、月に1回や数カ月に1回から小さく農にかかわり、自身がリフレッシュしたり、子どもに農体験をさせたりすることから始める形もある。特にコロナ禍を受けて都市部で貸農園が人気となった要因は、比較的若い層からの需要が高まった点が考えられる。テレワークの普及で外出頻度の下がった人にとって、野菜づくりへの没頭は仕事から離れて運動も兼ねた気分転換の機会となっている。また、遠出ができず子どもを遊ばせる場所に困る子育て世帯にとって、農園は野菜の成長を楽しめる貴重な「遊び場」となった。

若い世代にコアメンバーとしてのかかわりを期待するのは難しいかもしれないが、小さくとも参加機会の多い場づくりをし、巻き込んでいくことが都市型農園の意義を高めるために重要である。

なお、後に紹介する「みんなのうえん」を運営する金田氏のように、生業として都市型農園を運営するケースもある。

3　財源を確保する——目指せ自走化

定石としての助成金

都市型農園を開設するにあたり、欠かせないのが財源である。土地の初期状態によっては、新しい土を大量に運んだり、土壌改良剤を入れたりする必要がある。また、種や苗も必要である。自治体から現物で受け取れる制度があれば活用しつつ、初期整備で資金的に賄えない部分に対しては、策を講じる必要がある。

財源確保の定石は助成金の確保である。自治体等から直接的に事業として委託を受けることも可能だが、開設しようとする農園のほかに活動実績がない場合や、自治体との関係が構築されていない場合、そうした機会に恵まれることは少ないだろう。

応募先を探す際のポイント

助成金の応募先を探す際は、農園を開設した先にある目標に近い趣旨で募集されている助成金を探すことが望ましい。申請書を作成するなかで活動の方向性が定まっていくことも期待できる。都市型農園が対象となる助成金としては、緑化関連以外にも、目指す活動の方向性次第で、福祉や教育的活動に対するものもある。

主な助成金の例

助成金の応募先は、公益財団法人助成財団センターがウェブサイトで提供しているデータベース[5)]を適宜検索するのが有効だ。

緑化を目的とした助成金については、居住地や活動（予定）地の自治体、あるいはその外郭団体として設立された緑化関係の団体が公募しているものが有力な選択肢である（表3･3）。

緑化以外では、福祉や教育的な観点から助成金を設けている公益財団法人日本財団が例として挙げられる。これまでの助成実績を見ると、高齢者や子どもの居場所づくりなどがあり、都市型農園をそうした目的で設立・運営するのであれば該当するだろう[6)]。ただし、法人格があることが条件になっているものもみられるため、任意団体で取り組む際には注意が必要である。

表3･3　緑化に関わる市民活動に対する助成金の例

兵庫県	県民まちなみ緑化事業
千葉県柏市	柏市みどりの基金
（一財）セブン - イレブン記念財団	環境市民活動助成
（公財）都市緑化機構・（一財）第一生命財団	緑の環境プラン大賞

申請書をまとめる際のポイント

応募できそうな助成金が見つかったら、助成金の金額や助成期間、支出可能な用途を細かく確認する。必要とするだけの金額が、必要とするときに得られるか、また必要とする取り組みに助成金を使うことができるのか、要項を読み込もう。提出した計画通りに必ず支出しなければいけないのか、あるいは実施中の計画を変更したい場合に、支出額や用途の変更がある程度認められているのかも確認する必要がある。

応募を決めたら、申請書に書く内容の構想を練る。おすすめするステップは下記のとおりである。

① [相手の分析] 助成金の趣旨やこれまでの助成実績の事例を確認して、採択されやすい内容の傾向や採択率を分析し、応募先を決定する。
② [自身の分析] 助成金の趣旨に沿うように、活動内容の全体目的、および、助成期間中の活動目的を整理する。
③ [説得力のある実績の把握] 活動目的に関連することで、これまで行ってきた活動実績があれば、整理する。
④ [実現可能性の提示] 目的達成に向け、助成期間中に何を具体的に、いつ行うのか、実現可能な範囲で整理する。
⑤ [助成へのふさわしさの訴求] ②〜④で整理した内容をふまえて、思いを込めつつ、曖昧な部分のない、客観性を持った文章で申請書に記述する。
⑥ [選考対象漏れの防止] 記入ミスや必要書類の添付漏れがないか、入念に確認する。

このように、応募内容が助成元の期待に合致すること、そして助成後には確実な計画実行が可能であることを、説得力をもたせて表現しよう。一度書き上げた申請書は、ほかの人に見てもらい、自分の意図が伝わるか、客観的に助成したいと思えるかどうか、アドバイスを受けることをおすすめしたい。

なお、助成終了後には報告書も書く必要があるので、その内容や想定される手間もあらかじめ応募前に確認しておくと、助成期間終了時に慌てることも少なくなるだろう。

自走できる仕組みづくり

助成金を活用して無事に農園の初期整備が終わっても、苗代や活動地の借用費、常勤スタッフなどを設ける場合の人件費など、活動にはさまざまな経費がかかる。確保し続けられる保証がない助成金のみに頼らず、都市型農園の活動をうまく用いた資金面での自走を目指せるのが理想である。

都市型農園における収益策としては、貸区画を設けてその利用代を徴収することが定番である。ほかに、イベントも重要な収入源となり得る。例えば農園内にピザ窯をつくり、農園で収穫され

写真3･3　すずらんコミュニティガーデン（兵庫県神戸市）とせせらぎ農園（東京都日野市）の手づくりピザ窯（筆者撮影）

た新鮮な野菜を使ったピザでパーティーを行い、その参加費で運営費を調達するケースはよくみられる（写真3･3）。

海外のコミュニティガーデンでは、敷地内に飲み物を売るスタンドや収穫物などを使用したカフェを設置して収入を得たり、視察を受け入れる際に代金を徴収したりするケースもある。また、農園単体ではなく、ほかの事業も展開して、農園の費用に充てるといったパターンもある。楽しく工夫ができるように、農園メンバーと知恵を出し合いたい。

4　現場をつくり運営する ——実現したい目的を意識する

利用者のニーズを踏まえたレイアウトづくり

都市型農園のレイアウト、すなわち敷地のどこに何を配置するかは、実現したい目的を意識して決めることが望ましい。野菜栽培に特化したいのか、花やハーブも含めるのか。個人の区画にするのか共同の区画にするのか。交流スペースは設けるのか。設けるとしたらテーブルや椅子を置くのか。ベンチは必要か。キッチンは必要か。子どもの遊び場として砂場や築山を用意するか。水道や電気が使えない場合があったり、農地では建築物が建てられなかったりするなど、土地の性質によって制約があることもある。できる範囲内でどういった空間をつくると、目標を達成できるかを考えよう。

その際、農園をともにつくり、使う地域の人々と、最初から一緒に考えることが大切である。都市型農園、特にコミュニティガーデンにおいては、みんなの居場所となることが大事であり、そのためにはつくるプロセスを共有して農園への愛着を育む必要がある。利用者のニーズを把握しておかなければ、せっかくつくっても使われない空間ができあがってしまう恐れもある。

一方で、最初から完璧な農園をつくる必要はない。利用者のニーズを探りながら一緒につくり上げることを心がけると、そのプロセス自体も楽しむことができる。

具体的には、「○○ガーデンをつくろう！」などと題したワークショップの開催がよいだろう。告知はポスティング、地域の広報紙、Facebook や Instagram など、集めたい人に届く手段を使うとよい。口コミももちろん有効である。当日は、代表者がファシリテーターとなり、参加者の意見を否定せず集め、空間に落とし込みながら、アイデアをまとめていくとよい。不得意であれば、ファシリテーションが得意な人に頼んだり、専門のスタッフを雇ったりすることも検討しよう。

身近な資源を活かした現場づくり

つくりたい農園の像が定まったら、実際に現場で農園をつくり上げていく作業に入る。人材を含めた身近な資源を活かし、費用も節約しながら、みんなの農園という価値を高めていこう。

例えばレイズドベッドやベンチの資材として地域の間伐材を使うと、地域らしさが出るだろう。種や苗も近所の人に分けてもらえることがあるかもしれない。また地元の工務店や DIY 好きの人とつながりがあれば、さまざまな工作の際に手伝ってもらえるかもしれない。地域に拠点を置くアーティストやアートを専攻する大学生に、農園の雰囲気を盛り上げる作品をつくってもらうのもよいかもしれない（写真3・4）。知り合いのツテをたどっていくと、思いがけないモノや人材に手が届くことがある。

写真 3-4　みんなのうえん（大阪府大阪市）に飾られた、酸素ボンベとソーラーライトを組み合わせたアート作品「02 ひまわり」（筆者撮影）

縛りすぎないルールづくり

都市型農園には、指導付きの貸農園などは別として、来園頻度に関してあまり厳しいルールを設けていない例がみられる。活動日であれば誰でも好きなタイミングで来園可能で、月に何度来なければいけないという義務もないところも多い。

来園頻度の義務がないと、誰も来ない日が続いて農園が荒れるのではという懸念もあるかもしれない。しかし多くの人が愛着を持ってかかわる農園であれば、コアメンバーが自然と揃い、必要最低限の維持管理が保たれる事例は少なくない。むしろ、利用者自身がそれぞれの事情に合わせて無理のない範囲でかかわれる環境づくりの方が、持続的な農園に保つうえで重要なポイントである。

また、有機栽培にこだわるかどうかといった栽培方法についてのルールは、農園のコンセプトともかかわるものであるため、あらかじめ決めておく必要がある。ただし、やはりむやみに厳しく、特定の栽培方法以外は認めないと決めてしまうと、利用者の輪が広がらなくなる恐れがある。どういった栽培方法がよいか利用者同士で考えられる、しなやかな方向付けが必要であろう。

利用の自由度が高い農園は、安全面についても基本的に自己責任となるが、互いに見守り合っていればリスクは減らせる。利用者を「してはいけないこと」で縛るよりも、試行錯誤して学んでいく体験ができる場として農園を位置付けてみてはどうだろうか。万が一の事態に備えては、ボランティア保険を活用することも1つの手段である。

地域に開き、イベントなどで知ってもらう機会をつくり、新しい人を積極的に受け入れていけば、誰かが去ってしまってもまた新たな人がやってくる。それでも利用者の高齢化が進むなどしてどうしても成り立たなくなったなら、その農園を閉じて、別のどこかで別の農園が立ち上がることに思いを託すことも大切だろう。

トラブルを避ける工夫

農園が住宅や商業施設等に接しているときは、その住民や施設運営者と良い関係を構築しておくことが重要である。騒音や臭いなど気になる点があれば聞かせてもらうよう事前に伝えたり、日頃から収穫物を届けるなどして理解に感謝したりと、気配りを欠かさないように心がけたい。

そして、利用者の内部・外部にかかわらず、問題が起きた際には、利用者同士で日常的に声を掛け合い、必要であれば踏み込んだ話し合いができる場を設けることも、持続的な運営には欠かせない。大きな問題に発展してしまうと、活動の楽しさが失われ、利用者は離れていってしまう。事態が大きくなる前に問題を解決できる体制づくりをしておくとよい。

利用者が、無理なく楽しく、一緒に農園の目的を達成できるように、レイアウトのようなハード面だけでなく、ルールなどのソフト面でも環境を整備していく必要がある。リーダーは農園のコーディネーターとしての力量が問われることになるが、必要に応じてほかの利用者に頼ることも忘れてはいけないだろう。

ここまで、都市型農園のつくり方について、筆者の考えをまとめてきた。次は、実際に取材した内容に基づき、行政・住民・事業者の立場からみた都市型農園の運営や支援のノウハウを紹介する。

5　実践者に聞くノウハウ

空き地を使ってほしい人と使いたい人のマッチング
―― カシニワ制度（[行政] 千葉県柏市）

所有者と使い手をつなぐデータベース

千葉県柏市で2010年に運用が開始された「カシニワ制度」は、空き地を地域の庭にしたり、個人宅の庭を開放してオープンガーデンにしたりと、まち全体をガーデンにしようとするものである。

この制度には、空き地情報を市が集約し、ホームページで公開することで、活動地を探している市民団体に土地を仲介する「カシニワ情報バンク」が含まれている（図3･2）。カシニワ情報バンクへの初年度の登録土地は4件であったが、その後最大20件まで登録された年度もあり、2021年度までの登録件数は111件（うち、89件が私有地、22件が公有地）である[7)]。なおカシニワ情報バンクにはほかに、種や苗、道具などを提供したい人によ

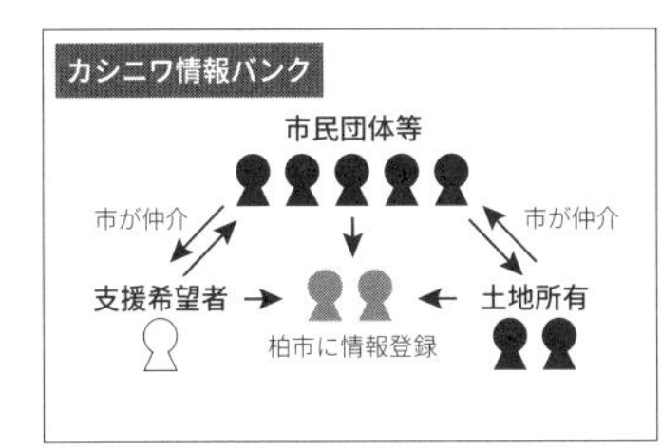

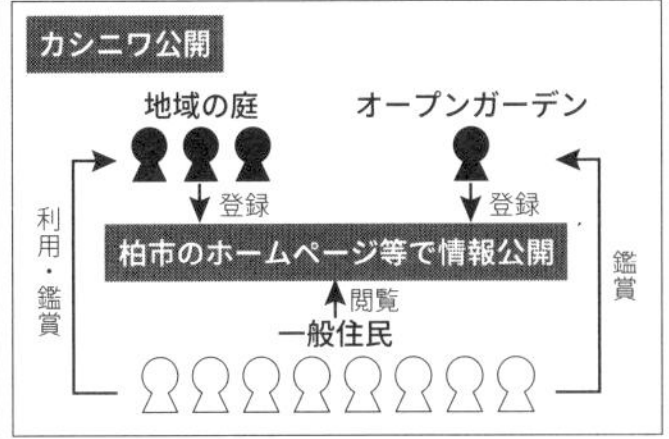

図 3･2　カシニワ情報バンクとカシニワ公開のイメージ図（細江まゆみ氏作成[8]）

る「支援情報」も登録されている。

空き家活用との一体化

カシニワ制度の運営は当初、都市部公園緑政課が担っていたが、現在は同部の住環境再生課が担っている。住環境再生課は2018年度の「柏市立地適正化計画」の策定に伴い、計画に掲げる施策を実現するための担当部署として2019年度に創設された部局（当時は住環境再生室）である。「緑」に限らず、オープンスペースの多様な活用を促進することが担当課変更の意図である。

2021年度からは空き家の活用も制度に含めることとなり、制度は「カシニワ・おにわ」と「カシニワ・おうち」に分けられ、土地と空き家の情報バンクが設立されることとなった。

情報バンクに登録された土地は樹林地や宅地などがあり、その利用方法も多様である。里山として管理されたり、地域の広場として活用されたりと、自由な発想に基づく利用がなされている（写真3･5）。空き家の方は、地域の図書館や子ども食堂、カフェ、商店等としての利用が想定されている。2022年3月までの利用者とのマッチング成立件数は土地が79件（1団体が複数の土地で活動する場合を含む）、空き家は0件（情報バンクへの登録は1件）である。

写真3・5　公有の空き地を活用した地域の広場「自由広場」（千葉県柏市）（筆者撮影）

活用のカギとなる協定の工夫

2015年3月までカシニワ制度の担当をしていた元柏市役所公園緑地課職員の細江まゆみ氏によると、自治体が仲介者となることで、空き地の利用希望者と所有者との調整はスムーズに進んだという。

ただし、民有地で空き地利用の協定を結ぶときは、2者の間で協定を結んでもらい、柏市は協定に加わらない。その理由は、市も加わる3者協定にしてしまうと、トラブルや契約解除があった際に、市が責任を負う可能性が高くなってしまうためである。

なお、協定の期間は事例により異なり、自動更新ではない。自動更新にすると、段々と空き地の所有者と利用者の関係が曖昧になってしまうため、期間終了ごとに2者がどうするかを決める。特に公有地の場合は、独占的な利用ではなく、地域に開かれた場所にしてもらうため、注意を払ったという。

地域貢献や公益性の担保

空き地利用開始の際には、やはり周辺の人との関係構築が重要だと細江氏は振り返る。柏市としても、新たな空き地で活動を始めるときは、周辺住民に挨拶するように利用者にお願いしたという。市から配布した各々の団体の活動内容などを示す看板も、周囲の理解を得るうえで有効だったそうだ。

農園利用の場合、野菜等の収穫物を利用者の団体だけで楽しむことになりがちだが、公的資金も使われている場合は、公共性の担保が求められる。そこで、「カシニワ・フェスタ」という祭りを年に1度開催し、収穫体験の提供や、近隣学校との連携といった取り組みも実施した。こうした機会を通じて、活動地の周辺住民にも地域の庭を楽しんでもらう機会を提供したのである。

質を担保する行政の距離感

カシニワ制度が当初目指したのは「カシニワでかしわの街をひとつの大きなガーデンに」することであり[8)]、それを通じて地域の価値を上げてゆくことに焦点が当てられた。細江氏はこうした「自治体として目指すこと」を表す理念が大事だという。それにより、賛同者を集める求心力が生まれるためである。

上記の理念のもと、質を担保する工夫もなされた。具体的には、個人が市民農園的に借りて空き地を使うというよりは、団体としての空き地活用方法に関する計画を考えてもらうようにした。また、お披露目の場としてのカシニワ・フェスタの開催によって、活動者だけの場に閉じない空間になる工夫も促された。ほかにも、市の広報紙への掲載や新聞での報道といったメディア露出も、自治体による取り組みならではの強みだった。

制度はつくって終わりではなく、改良したり、定期的に現場の様子を見に行ったりして登録者とコミュニケーションを取ることが大事だと細江氏は話す。制度ができても物事がひとりでに進むことはなく、登録者との関係構築がうまくいっていないと、歯車がかみ合わなくなってしまう可能性があるからだ。制度運営上で生じる課題の解決が欠かせない。「現場で汗を流しカシニワをつくっていく主役はカシニワ制度の登録者であるが、運営側も一緒になって考え、現場を理解し、現場のモチベーションを高められるような事業を展開していく姿勢が重要」[8)]なのである。

住環境再生課からも、行政が設計する制度は制約を課すことが多く、結果として活用が進まなくなることが多いという意見があった。カシニワ制度が広く市民に浸透した理由の1つに、「ユルさ」があると考えられるという。同様の制度を考えているほかの自治体には、活動団体の創意工夫により多様な土地の活用が図られるような、誰もが気軽に参加できる「ユルい」環境を整えてみてほしいとのことである。

細江氏は「地域が大きく変わることを目の当たりにできたことがよかった」と話す。自治体が仕組みをつくり、動き出せば「民」の動きは早く、活動や地域がどんどん良くなるという。市民自ら「やる」と言ってもらうように仕掛け、地域が良くなったら活動者に賛辞を届ける。そして、活動者はさらに頑張りたくなる。この正のサイクルが各地で生まれていけば、空き地を拠点に日本のまちは見違えるほど変わるかもしれない。

農地を活かしたコミュニティガーデンの運営
――― せせらぎ農園（[住民] まちの生ごみ活かし隊　佐藤美千代氏）

スタートはつくりたい場のイメージ形成

Chapter 1で紹介した事例Case. 5「せせらぎ農園」（東京都日野市）は、市民によって生産緑地における援農という形で設立・運営されている。立ち上げ人の佐藤美千代氏は、せせらぎ農園のほかにも日野市内の他地区でコミュニティガーデン設立を促すため、興味のある人々への支援活動を行っている。

この活動においては、勉強会の開催や、既存事例の見学等を通じ、つくりたい場を先にイメージしてもらうようにしているそうだ。当然、どういった意見が出て、どのような農園になるかは集まる人によって異なってくる。そのうえで、ワークショップを行い、つくりたいコミュニティガーデンを住民目線で朗らかな雰囲気のなかで議論していくことがよいと佐藤氏は語る。必要な設備などについて意見を出し合い、つくりたいものがあればなるべく手づくりしていくのだという。

現在支援中の日野市平山地区でのコミュニティガーデンプロジェクトでは、若い母親が多いことから、子ども向けの空間とし、植物を植える場所だけでなく広場や椅子がほしいという意見が出た。自分たちが使う空間を、自分たちでデザインしてつくりあげることで、使われる空間になっていくのだという。

利用者同士の話し合いを大切にする運営

ルールは利用者同士で決める必要があるが、最終的には多数決になるとしても、それまでの過程で話し合うことが大事だという。どんな農法を採用するのかなどの点については、実際に利用者同士で試しながら話し合い、間違ったと思ったら直すことを繰り返す。

また、利用者間での関係にトラブルはつきものであり、親密になるほど意見の対立も起きる。そんな時は、大事に至る前に解決することが大切だ。トラブルが耳に入ったら、時間をおかずにその日のうちに解決すれば、問題が大きくならずに済む。農作業に勤しんでいれば、そもそも人間関係に囚われすぎることもなくなる。せせらぎ農園は、“来るもの拒まず、去る者追わず”の姿勢で運営されているという。

コミュニティの外への配慮

コミュニティガーデンは利用者だけの内向きのコミュニティ意識が強くなり、閉鎖的になる危険性もある。そこで、コミュニティを外に開くこととのバランスも重要である。特にコアメンバーは、コミュニティの外への共通意識を持つ必要がある。

せせらぎ農園では、新しく来た人にも仲間として作業に加わってもらうという。「お客様」にしないスタンスが、むしろ相手には「嬉しい」と言われるそうだ。こうした工夫から、新たな人々がコミュニティに加わりやすい雰囲気がつくられている。

また、農地を活用するにあたっては、近隣の住民や地主に気を配ることも重要になる。挨拶はもちろん収穫物のお裾分けといった気配りを通し、活動地となっている農地の地主が危うい立場に立たされないように心がけているそうだ。こうした配慮が奏功してか、援農形式でのコミュニティガーデンの運営に反対する人は現在いないという。

加えて、「常に綺麗にしておくこと」も、コミュニティガーデンとして最低限守るべきことだと佐藤氏は言う。周りから見て憩える場でなければ、コミュニティガーデンとは呼べない。人を呼び寄せる鍵であるとともに、近隣関係との円滑な関係を築くためにも必要な事項であろう。

こだわりすぎず、完璧を目指さないマインド

コミュニティガーデンには花の栽培が主体のところもあるが、「野菜はあった方がよい」と佐藤氏は話す。野菜があればその場で収穫して食べることができ、楽しみを倍増させる。緊急時の食料生産にもつながり、防災にも役立つ。一方で、野菜にも綺麗な花が咲くものはあり、逆に食べられる花もある。両者の線引きはあまりしなくてもいいと佐藤氏は語る。

コミュニティガーデンづくりにおいては、目的から見て100%の完成を目指さず、60%で成功だと考えると気が楽になるのだという。農作業は天候によって左右されることが多く、またプロではない立場でやっているので、試行錯誤するのが当然である。失敗もステップアップにつながるという考えだ。

利用者が一体となって都市型農園をつくりあげるボトムアップ式の運営や、権利関係の難しい農地の使用には、ハードルが高い印象が伴う。しかし、佐藤氏の経験に学び、楽しみながら無理をしないことを念頭に挑戦してみてはどうだろうか。

空き地を活かした農園運営の事業化
―― みんなのうえん

（[民間事業者] 一般社団法人グッドラック　金田康孝氏）

大地主である地元不動産会社との出会い

大阪府大阪市住之江区北加賀屋と寝屋川市緑町に、空き地を活用した農園「みんなのうえん」がある。運営しているのは、一般社団法人グッドラックの金田康孝氏である。農園は当初、金田氏と同氏の同級生数名が立ち上げた、ソーシャルデザインを手がけるNPO法人co.to.hana（コトハナ）の事業の1つだったが、2018年に金田氏が独立してグッドラックを立ち上げ、2019年4月に農園事業を譲り受けた。

金田氏が独立して空き地を活用した農園事業で生計を立てるに至った背景を振り返ってみよう。

北加賀屋では、創業100年を超える大地主の不動産会社「千島土地株式会社」（以下、千島土地）が、アートでまちの価値を高めようと取り組んでいる。同社は住之江区を抜けて大阪湾に流れる木津川河口にある「名村造船所跡地」を1990年代〜2000年代にかけて改装。クリエイティブセンター大阪（CCO）というアートによるまちづくりの拠点にし、周辺の古い木造住宅にアーティストを呼ぶなどしていた。2009年には「北加賀屋クリエイティブ・ビレッジ構想」を発表している。

一方、所有する土地の中には未活用の空き地もあり、うまく活用することで長期的にまちの魅力を向上させたいと千島土地は考えていた。当初、千島土地は山崎亮氏率いるコミュニティデザイン事務所studio-L（スタジオエル）に相談したが、若い世代に任せる方がよいという助言を受けて、co.to.hanaに話がもちかけられたのだ。

2010年に設立されたco.to.hanaのメンバーはもともと建築を専門としており、個々に、点的に活動していた北加賀屋のアーティストらと関係づくりをし、面的に展開したいという思いを抱いていた。そこで、空き地が多いこと、緑が少ないこと、そして九州から集団就職で移住した百姓の家出身の住民が多いことといった北加賀屋の特徴を踏まえ、住民同士を農園でつなげようというアイデアが生まれたという。

コミュニティデザイナーの協力を得たワークショップ

そこで、studio-Lがファシリテーターとして入りつつ、OJT（オン・ザ・ジョブ・トレーニング）的にco.to.hanaのスタッフを育成しながら、地域の町会やクリエイターとともにワークショップを実施。その後2011年に、もともと住宅であった土地に、第1号となる「みんなのうえん北加賀屋第1農園」（約150 m^2）が7区画でオープンした（写真3·6）。

北加賀屋の将来像や農園の運営方針などをテーマとしたワークショップでは、参加した12の町会から、それぞれの町会で農園区画を持つ案も出された。しかし、特定の住民が閉じた関係の中だけで運営するのではなく、co.to.hanaとしては地域内外の人のための空間にしようと考え、結果的には外部にも開かれた貸農園

写真3･6　みんなのうえん北加賀屋第1農園（大阪府大阪市）（筆者撮影）

になった。

古くからの住民は「みんなで使う農園」をイメージしづらいためか、農園には参加しなかったが、実際に運営している様子を見るうちに、3年ほど経つと理解を示し、応援してくれるようになったという。今では住民と一緒にみんなのうえんで開催する子ども食堂を運営するなど、地域にかかわるアクションも起こしてくれているそうだ。

2013年夏には、銭湯の跡地に「みんなのうえん北加賀屋第2農園」（約500 m^2）がつくられ、第1農園と合わせて計40区画程度の規模に拡大した。第2農園には、古民家をリノベーションしたキッチン付きレンタルスペースも備わっている。1区画は6 m^2 で、1人や1家族だけでなく、複数の友人らでシェアしている例もあり、利用者は100人程度に上る。

汎用的な空き地活用モデル実現に向けた展開

2020年には、寝屋川市の密集市街地にある木造集合住宅を除却して「みんなのうえん寝屋川」（300 m^2 ／30区画）をオープンした。

寝屋川の農園整備にあたっては、高齢の地権者が、土地を手放すことにも、既存住宅の解体を検討することにも消極的な状態だったことから、グッドラックが解体等にかかわる初期費用を負担する代わりに、安い費用での土地の借用が可能となった。寝屋川市による空き家除却補助金と大阪府による緑地整備に関する補助金を活用することで、整備費用の負担は全体の半分以下で収まったという。

なお、もともとの土は質が良くなかったことから盛土をほどこしたが、自治体から堆肥を譲り受けたり、西日本でよく算出され、庭土にも使われる真砂土（まさど）を奈良から購入して運んでもらったりした。除却せず残った隣接空き家はDIYでリノベーションし、ウッドデッキやキッチンとしている。ほかに、既存住宅を取り壊した際に発生した柱の廃材をウッドデッキなどに再活用したり、工務店から寄贈されたヒノキの風呂桶に雨水をためて栽培に活用したりと、資源の有効活用も実践している。

グッドラックはその後も、2022年7月に神戸市からの委託事業で湊川地区に「みんなのうえんPARK」（1,540 m²／42区画）をオープンさせるなど、着実に事業を拡大中だ。ここでは、公園的空間と農園を併設し、農園には一般貸出の区画と地域協働の区画などを用意している。地主のバックアップがあった北加賀屋にとどまらず、ほかの地域で挑戦しながら汎用的な空き地活用モデルを目指す金田氏の姿勢がうかがえる。

ビジネスとしての運営スキームと価値提供

事業収入の中心となる農園の利用料には、入会金のほか月会費3,850～7,700円/区画を設定（表3·4）。アドバイスや農具のレンタルを含む基本プランと、栽培作業サポートまで提供するプランを展開している。なお「みんなのうえん寝屋川」では3区画目について割引も行っている。

表3･4　みんなのうえんの利用料金とサービス（2021年12月31日時点、みんなのうえんウェブサイト[9]から作成）

	みんなのうえん北加賀屋	みんなのうえん寝屋川
区画面積	$6m^2$	
入会金	6,600円（税込）/人	
更新費	3,300円（税込）/人	
施設利用料	550円（税込）/人	
基本コース月会費	5,500円（税込）/区画	1・2区画目：3,850円（税込）/区画 3区画目：2,200円（税込）/区画
栽培作業サポート付きコース月会費	7,700円（税込）/区画	1・2区画目：6,050円（税込）/区画 3区画目：4,400円（税込）/区画
両コースに含まれるサービス	・現地での栽培アドバイス ・オンライン（Facebook、LINE、電話など）での栽培に関する質問対応 ・イベント（料理教室、ワークショップなど）への参加費500円割引 ・農具のレンタル ・キッチンサロンでの食事や休憩（冷暖房完備） ・有機肥料（ぼかし肥料）利用権	

このほかの事業収入には、キッチンなどのレンタルスペースの利用料が含まれる。イベントの収益性はあまり高くなく、むしろ広報機会としての性格が強いという。金田氏によると、こうしたスキームのもとで、各農園とも赤字にならずに運営を回せているそうだ。

ビジネスとして成立させるうえで金田氏が大切にしているのは、価値の提供である。農園を訪れる人々にとって、それぞれのかかわり方で癒され、居心地が良いと感じられる場所の提供を目指している。

農園だけでなく、レンタルスペースを活用した利用者1人ひとりの自己実現やステップアップの後押しにも取り組みたいと金田氏は語る。実際に例えば、レンタルスペースでの催しで薬膳料理やお菓子づくりについて学んでいた人が、やがてほかの農園利用者に自分の料理を振舞うようになり、今では居酒屋やカフェを経営するまでになっているという。ほかにも、農園のために近隣へ引っ越してくる人が現れたり、レンコン掘りのイベント企画を機に農園利用者と農家が結婚したりと、「農」をきっかけとして地域にさまざまな出来事が起きているそうだ。

みんなのうえんの挑戦は、こうした思いもかけないつながりを生み出しうる都市型農園のポテンシャルと、事業としての農園経営の可能性を感じられる実例である。

6　中間支援組織に求められること

中間支援組織の意義

中間支援組織とは

都市型農園を広めたり、ほかの活動者とつながったりしたいという強い思いを持った場合には、「中間支援組織」を立ち上げることも1つのかかわり方である。中間支援組織とは、「市民、NPO、企業、行政等の間に立ってさまざまな活動を支援する組織であり、市民等の主体で設立された、NPO等へのコンサルテーションや情報提供などの支援や資源の仲介、政策提言等を行う組織」と内閣府で定義されている[10)]。

ドイツの中間支援組織「アンシュティフトゥング」

都市型農園に特化した中間支援組織は日本ではまだ多くないが、欧米では国や都市レベルでの活動事例が多い。こうした組織を通じ、個々の団体が都市型農園の設立のときに支援を受けられたり、活動中に情報を交換できたり、また行政に要望を伝えたりといったことがしやすくなる。行政とは別に市民や企業活動を支援する専門的な組織が入ることで、個別の需要に対応した細やかな支援が可能になり、より効果的な協働が進みやすくなるメリットもある。

例えばドイツには、連邦全土の都市型農園をはじめとしたDIY（自分自身でやる）活動を支援する「アンシュティフトゥング」(anstiftung) と呼ばれる組織がある。オーストリアにも都市型農園への支援を行う組織「ガルテンポリロク」(Gartenpolylog) がある。

アンシュティフトゥングは民法上の非営利財団であり、都市型農園を中心としたDIYでつくられる空間とその活動団体のネットワークを促進し、都市型農園の意義等に関する研究調査もしている。活動の背景には、人々はDIY活動により自分自身の生活の責任を取ることができ、創造的なやり方で世界と共鳴できる、という信念がある。

ここでのDIY活動は、余暇活動としてだけではなく、「どのような都市を形づくっていきたいのか」「どういった経済活動を行っていきたいのか」「食べ物はどこからくるのか」「すべての人にとっての未来のライフスタイルはどのようになるのか」といった問いに答えを出すことに貢献するものとして捉えられている。そして、資源の節約や自給自足、文化の多様性や理解といった観点から持続可能なライフスタイルを追求しているのである。アンシュティフトゥングは、そうしたビジョンに合う空間として、都市型農園への支援活動等を行っているのだろう。

アンシュティフトゥングのスタッフには、専門性を持つスタッフが多い。例えば社会学や芸術学、生物学、政治学などを専門としたスタッフがおり、博士号取得者もいる。学術的出版物も意欲的に出している。地域の社会課題を客観的に分析し、また持続可能な都市生態系を実現させるような都市型農園のあり方を考え、実現させるうえで、学術的な見識を持ったサポートは有益である。まちづくりに興味のある学生の就職先としても機能する。

以降では、アンシュティフトゥングや類似の事例を参考に著者が整理した、中間支援組織の役割について解説する。

中間支援組織の役割

ネットワーキング

それぞれの都市型農園は、個別にそれぞれの団体が試行錯誤して活動している場合が多い。そうすると、運営上問題が出たときにどうすればよいのか、解決方法に困りがちである。例えば、利用者同士での意見が食い違ったり、使用していた土地を返却しなければいけない事態に直面したり、予算の確保の検討が必要になったりする場合などが考えられる。各団体が直面する問題は共通して抱えがちなものでありながら、その経験を共有できない限り、それぞれにゼロから解決方法を考えることになる。

そこで中間支援組織の重要な役割として、ネットワーキング、すなわち各団体や人々をつなげていくことが挙げられる。具体的には、各団体の情報を集め、データベースを作成することが基礎的な作業になる。農園の名前、面積、場所、開設年、活動概要、ホームページURL、連絡先といった情報を整理し、誰でもアクセスできるようにホームページ上で公開しておくと、活動者やこれから活動したい人が既存事例を参考にし、連絡を取り合うことができる。各事例の場所を登録したGoogleマップやOpenStreetMapといった地図をホームページ上に埋め込むのも、さまざまな人が事例を実際に見に行きやすくなるため、効果的である。

情報の整理だけではなく、交流の場を用意することも考えられる。集めていた情報をもとに、各団体に呼び掛けて、情報交換ができる機会をつくるのである。各団体の人々はお互いの近況や悩みを話し合って、よりよい運営のヒントを得ることができ、新たな活動に向けたアイデアも得られるだろう。

中間支援組織が支援の対象とする地域は、基本的にはスタッフが住んでいるところの近くで、実際に現場を見に行ける範囲（市町村～都道府県程度）がよいだろう。活動者と直接会って現場の様子を見ながら、情報収集や支援ができるからである。

農園を始めたい人向けのガイドラインづくり

農園を始めたいという思いはあるが、何から手を付ければよいかわからない人へのガイドラインづくりも、中間支援組織が担うとよい。土地の確保や、協力者の集め方、資金の調達方法、レイアウト・ルールのつくり方などをわかりやすく簡潔に解説した、見た目に親しみやすいガイドラインが望ましい。

特に土地や財源の確保に向けた方法は、対象とする地域の特徴を活かしたガイドラインにするとよい。例えば、農地の多い地域であれば農地の貸借の方法に、空き地・空き家の多い地域であればそれらを活用するための制度の紹介に力を入れることが有効だ。資金についても、緑化や空き地・空き家活用を目的とした各自治体ならではの制度があるかもしれない。地域の状況とニーズに即したガイドラインが役立つだろう。

農園の意義の紹介のほか、自治体の担当課や都市型農園の先進事例の運営者といった頼れる相談先や、運営者の心構えを記載しておくことも、これから活動する人を応援するうえで必要だろう。「やってみたい」気持ちを後押しできるようなガイドラインがあれば、まちに都市型農園が増えていくきっかけになる。

普及啓発・広報活動

都市型農園がどうして重要なのか、その意義を普及啓発する広報活動も欠かせない。学識経験者や実践者を登壇者にしたセミナーや、意義を紹介したパンフレット等の作成、現場で都市型農園の良さを体感してもらえるイベントの開催といったことが考えられる。

　また、草の根的に市民に普及啓発することも大事な一方で、自治体にアピールして支援を促すことも視野に入れたい。自治体は土地確保や活動の支援を担うが、都市型農園の意義への理解はまだ十分に浸透していないのが現状である。活動者だけでなく、自治体職員にも支援者が増えていくように取り組んでいく必要がある。

協働による研究調査

　都市型農園の意義を主張するにあたり、学術的な裏付けがあると説得力が増す。特に自治体は、そうした客観的な根拠があった方が支援に取り組みやすい。そこで、日頃から地域にある大学などの研究機関と協働して、都市型農園の意義に関する研究調査を進め、成果を報告書等にまとめ、自治体に提示できる状態にしておくとよい。

　調査内容の例としては、都市型農園によってどのくらいの食料が手に入るのか、災害時にはどれだけの人の避難先となりうるのか、健康維持・促進の効果はどの程度か、生物多様性保全への寄与はどの程度か、どういった人たちの居場所となっているのか、どのような土地が使われているのか、などの内容が考えられる。学識者にとっても、現場の協力なしには貴重なデータが得られず、研究調査を実施できないため、都市型農園に実際にかかわる人と学識者が、互いにメリットのある形で協働を進めていくことが理想的である。

コラム

コーディネーターとしての心得

（スマイルプラス　木村智子）

都市型農園では、多様な人が出会う。年齢、職業はもちろん、国籍、言葉すらも違うこともある。そういう場所に、「コーディネーター」もしくは、「コーディネーターの役割をする人」がいると、活動内でのトラブルは起きにくくなり、その結果、参加する人たちが個々の個性やスキルを発揮し、楽しく過ごせて、農園が「居心地の良い場所」になる。都市型農園を「地域社会が持つ課題を解決できる場」として運営し、機能させていきたいときには「コーディネーター的存在」は必須とも言える。

ここでは、私自身がコミュニティガーデン・コーディネーターとして経験したなかから、大切だと感じてきたことをいくつか紹介したい。

コーディネーターは何をする人なのか？

冒頭で端的にまとめたような場として考えるとき、都市型農園が一番大切にすべきことは、来る人たちにとって「居心地の良い場所になる」ことだと考えている。居心地が良いと、人は自然に集まるようになり、各々の判断で「みんなが喜ぶだろう」という行動をとるようになる。そんな場では、作物は収穫できた方がいいが、それが必ずしも一番の目的にはならない。そして収穫よりも居心地が優先するという考え方を、集まる人たちが受け入れて参加することが重要だ。

農園にやって来る目的は、人それぞれに違っている。コーディネーターの役割は、「単純だがその場所にとって最も重要なこと」を、やって来る人に伝え、「それでよい」と感じてくれた人の参加を受け入れ、それでもさまざまな場面で起こる、人と人の気持ちのずれに寄り添って調整することである。

コーディネーターはとにかくニコニコしよう。みんなに挨拶しよう。「ありがとう」を言おう。理屈はあまり考えなくてよい。

まずは、みんなで夢を描こう

都市型農園が始まるきっかけはさまざまだが、できればはじめに、みんなで「夢を描く」ことをおすすめしたい。そのための「働きかけ」をするのもコーディネーター役割の1つだと思う。その結果としての「夢」を可視化（言葉でも絵でもいい）しておくと、共感した人が集まり、居心地の良い場になりやすい。夢を描くとき、コーディネーターはあくまでも「働きかけ」をするだけでよく、反応した仲間の意見を調整し、夢を描く場をつくり、可視化するところまで働きかけを続ける。

夢を「言葉」として可視化した例として、知的障害児者のための福祉施設である社会福祉法人滝乃川学園（東京都国立市）のコミュ

滝乃川学園ガーデンプロジェクトが
大切にしたい想い

誰もが集い・憩うガーデンを育む

滝乃川学園は、明治24年に創立された日本最初の知的障害児者のための社会福祉施設です。国立に移転してきたのは昭和3年。当初から門扉を閉じることなく、地域と共に歩んできました。自然豊かな学園に散歩に来られる方も多い…そんな場所です。

私たちは、学園の利用者さんをはじめ、訪れる人一人ひとりが同じ空間を共有し、みんなで楽しんで交流できる場として、コミュニティガーデンを育んでいきたいと考えています。

図3･3　活動のしおり
表紙と「大切にしたい想い」を書いたページ

ニティガーデン[11]では、「大切にしたい想い」として「誰もが集い・憩うガーデンを育む」という言葉を掲げた。この言葉には、「知的障害者への理解が進まない社会と障害者の間にある壁を、ガーデンで集い同じ空間にいる経験を通して、なくしていきたい」という願いが込められている。この言葉を掲載した「活動のしおり」（図3･3）を作成し、初めて参加する人に、願いとともに詳しく説明しながら、手渡すようにしている。なお、夢を「絵」にした例は、本書Epilogueにある図4･1の日野市の例を参照されたい。

誰でも参加できる場を意識して背中を押す

農園にやって来る人のなかには、何らかの生きづらさを感じている人もいる。「この場に参加したいけれど、役に立てないだろうから不安で…」と相談されることもある。そんな人でも「自分はここにいていいんだ」と思って参加できるよう工夫するのも、コーディネーターの役割である。

農園の活動には、農作業のほかにもさまざまな仕事があり、体が動かなくてもできることはたくさんある。写真を撮る、SNSにアップする、PR用のポスターをつくるなどは、農作業ではないが、活動を継続していくために必要な仕事だ。コーディネーターは、やって来る人と雑談をし、何を求めて来たのか、何に興味があるのか、何か得意なことがあるか、などを引き出し、その人が取り組めそうで受け入れやすそうな役割を、頭の中にある引き出しから取り出して、そっとお願いしてみたりもする。

例えば、「膝を曲げるのが辛いから作業に参加できない」と話す80代後半のある高齢の男性がいた。家が農園の隣だったので「作業後にみんながお茶を飲めるように湯を沸かしてほしいのですが」とお願いしたところ、作業には参加しないが、長い間「お湯係」として、作業後のお茶タイムにも参加してくださった。

特定の「できない」「難しい」に対して、アイデアを出し合って「できる」ようにする工夫も、みんなで考えれば楽しい。例えばある高齢者施設で、鉢植えへの水やりを車いすの方にお願いできないかという話になった時、「じょうろよりも柄杓（ひしゃく）ですくう方が簡単かもしれない」というアイデアが出て、提案してみたところ大成功だったことがある。

「役割」は人にとって大切なものだ。役割があれば「この場にいていい」と感じることができ、それが喜びとなって、場への愛着が育っていく。コーディネーターができることの1つは、その役割に向かって、そっと利用者の背中を押すことかもしれない。

対話の場をつくろう

意見の食い違いが起こったときには、「対話の場」をつくる。解決方法はコーディネーターの頭のなかにはなく、利用者の心のなかにある。利用者の気持ちに寄り添いながら、良い対話ができるようにファシリテートしよう。もし対立してしまった場合、コーディネーターはAかBかではなく「みんなで描いた夢に向かうために必要なこと」で判断し、双方に説明を試みる。その結果はA´やB´、もしくは全く違うCになるかもしれないが、夢という軸をしっかり持っておけば、ともに結果を受け入れやすくなる。

外との関係も大切に

コーディネーターとして活動しようとする人は、自身と同じようにコーディネーター的な役割をしている人との「横のつながり」をぜひ持ってほしい。良い情報だなと思ったらシェアし合ったり、困ったときに相談をしたり、一緒にほかの事例を見に行ったりできるからだ。コーディネートをしていると、それなりに困難なことが身に降ってくることもあるが、こういった仲間たちとやりとりすることで解決の糸口は必ず見つけられる。

行政や地権者とのやりとりでも、あれこれ困難はあるかもしれない。相手の立場や考え方を理解できるように常に学びつつ、日頃から連絡し合い、解決方法をともに考えられるような信頼関係を築いておくとよい。

コーディネーターに向いている人は？

コーディネーターに向いているのは、①都市型農園に誰よりも夢を描いている人、②人が笑っているのを見るのが嬉しい人、そして③「ありがとう」を言うのも言われるのも好きな人、だと思う。私はある現場で「コミュニティガーデンはすごい！」と思ったことから、この仕事をするようになった。だから誰よりも場の力を信じ、夢を持っている。そして、来る人ごとに自信満々で「ここは素敵な場所だから、あなたもどうですか？」と、場を売り込み続けている。そんな場で人の笑顔を見るのが嬉しいし、「ありがとう」という言葉も大好きだ。もしこの気持ちに共感できたら、あなたはコーディネーターに向いている人かもしれない。

補注・引用文献

1) 多くの自治体で「特定農地貸付法」（正式名：特定農地貸付けに関する農地法等の特例に関する法律）にもとづくなどして農地に設置されている従来型の貸農園、すなわち市民農園に関する話題は省いている。
2) 川上純・寺田徹（2019）分区園を設置した都市公園の空間および運営上の特徴に関する考察。ランドスケープ研究、82(5)、543-546
3) 修景施設とは、都市公園に設けられる施設の一種であり、都市公園法施行令第5条により、「植栽、芝生、花壇、いけがき、日陰たな、噴水、水流、池、滝、つき山、彫像、灯籠ろう、石組、飛石その他これらに類するもの」とされている。
4) 秋田典子（2014）コミュニティガーデン方式による土地利用管理手法の検討―ニューヨーク市における運用を事例として―。日本建築学会技術報告集、20(45)、727-730
5) 公益財団法人助成財団センター. https://www.jfc.or.jp/（2021年12月22日閲覧）
6) 日本財団　日本財団の助成プログラム。
https://www.nippon-foundation.or.jp/grant_application/programs（2021年12月22日閲覧）
7) 柏市都市部住環境再生課による2022年7月22日時点での情報提供による。
8) 細江まゆみ（2016）カシニワ制度の効果に関する一考察。地方統計と統計GIS、法政大学日本統計研究所・研究所報47、117-175
9) みんなのうえん　畑を借りる
https://minnanouen.jp/garden/（2022年7月22日閲覧）
10) 内閣府（2011）新しい公共支援事業の実施に関するガイドライン。
https://www5.cao.go.jp/npc/shienjigyou-kaiji/gaidorain.pdf（2021年12月31日閲覧）
11) 社会福祉法人滝乃川学園でのコミュニティガーデンプロジェクト。
http://garden-pt.blog.jp/

Epilogue

持続可能なまちづくりと農

1　農は持続可能なまちの要素
―― SDGsの実現に向けての課題解決

多様な役割を持つ農園とSDGsは相性が良い

都市型農園の役割について、Chapter 1ではまちのスキマ活用という観点から、Chapter 2ではコミュニティの課題解決という観点から、事例をみながら紹介してきた。それぞれの役割に絞ってみれば、必ずしも農が最良の解決方法ではないだろう。機能を特化させた別の施設をつくった方が、より大きな効果を生み出すかもしれない。しかし、農園はいろいろな役割を同時に持つ、その多義性に魅力がある。

今や世界の共通認識となったSDGs（持続可能な開発目標）（表4・1）においても、相互に関連しあう複数の目標を、1つの取り組みで同時解決しようとする姿勢が求められている。

例えばSDGsの目標1番の「貧困をなくそう」と同2番の「飢餓をゼロに」、同3番の「すべての人に健康と福祉を」、同4番の「質の高い教育をみんなに」は切り離せない。これらに対して、貢献度の濃淡はあれ、都市型農園は同時にアプローチしていくことができる。栄養バランスの良い野菜セットを地域の子ども食堂に提供したり、農園での栽培や虫の観察を通して自然の仕組みを学んだりすることができる。

また、同10番の「人や国の不平等をなくそう」に対しても、文化的・社会的背景や障害の有無にかかわらず参加し、就労訓練などに活用できる農園が役立つ。こうした農園があることは、まちのコミュニティを醸成したり、住みやすさを向上したりして、同11番の「住み続けられるまちづくりを」につながる。

このように、SDGsのさまざまな目標に1つの都市型農園が貢献しうることには注目したい。

表4・1　SDGsに挙げられている目標

1. 貧困をなくそう
2. 飢餓をゼロに
3. すべての人に健康と福祉を
4. 質の高い教育をみんなに
5. ジェンダー平等を実現しよう
6. 安全な水とトイレを世界中に
7. エネルギーをみんなに そしてクリーンに
8. 働きがいも 経済成長も
9. 産業と技術革新の基盤を作ろう
10. 人や国の不平等をなくそう
11. 住み続けられるまちづくりを
12. つくる責任 つかう責任
13. 気候変動に具体的な対策を
14. 海の豊かさを守ろう
15. 陸の豊かさも守ろう
16. 平和と公正をすべての人に
17. パートナーシップで目標を達成しよう

足元からまちづくりを自分ごとにする機会になる

実際に、都市型農園をツールとして、より良いまちづくりをしていこうという動きが各地でみられる。

例えば東京都日野市の「農のある暮らしづくり計画書」[1)]は、都市型農園や里山、用水路など、さまざまな形態の「農」の空間を用いて、あらゆる市民が楽しく豊かに暮らせるまち（図4・1）をつくることを提案したものだ。この計画書の冒頭文においても、気候変動や環境汚染、それに伴う経済不安や貧困問題等が深刻化していることを受け、「2015年9月の国連サミットで採択された『SDGs（持続可能な開発目標）』を達成するためには、都市にこそ『農』が必要だと痛感しています」と述べられている。

この計画書を提案したのは、住民を中心にした「農のある暮らしづくり協議会」である。このように、農を使ってどのようなビジョンを描くのか、暮らす人々自身が考えていくことが重要だ

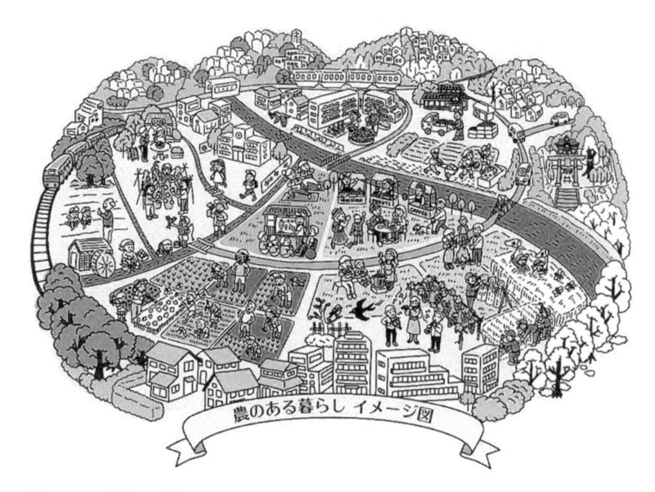

図 4・1　日野市の「農のある暮らし　イメージ図」（農のある暮らしづくり計画書より）

ろう。これは、SDGsの「自分ごと化」にもつながる。いきなり「SDGsを達成しよう」と言われても、自分に何ができるのか困ってしまうかもしれないが、都市型農園のような具体的な手段が提示されれば、「この課題になら取り組めるかもしれない」と見通しが良くなる。

ただし、大きなビジョンを掲げたり、新しい活動を立ち上げたりするほどまで自信やエネルギー、技量がないという場合は、誰かが立ち上げた都市型農園に加わったり、自分の家や庭のなかで栽培やコンポストづくりに取り組んだりすることから始めてもよいだろう。まずは自分の足元で、農をツールとして、身近な環境に少しでも変化を起こすことが大事である。

部門を超えた行政との連携も必要に

まちなかでの農園づくりには多くの場合、自治体の協力も必要となり、都市計画、農政、公園緑政、福祉などいろいろな部門を横断する必要が出てくる。そうした行政の各担当者とうまく仲良くなって進めていきたいところである。

反対に行政側も、現代の複雑な社会問題に立ち向かうため、脱・縦割りが求められている時代であるから、分野の垣根を超えて協働する必要がある。例えば、Chapter 1・Chapter 3 で取り上げた東京都日野市のせせらぎ農園では、農業を扱う農政系の部局、生産緑地地区制度を扱う都市計画系の部局、ごみ処理を扱う廃棄物管理系の部局、緑地政策・管理を扱う緑政系の部局などが実際にかかわっている。もし関係する部局のいずれかが、都市型農園という存在や、その地域における意義を知らないと、都市型農園の設立・運営にストップをかける事態に陥ってしまう。各部局が都市型農園の効力を認識し、地域を良くするという共通目標のために都市型農園という1つのプロジェクトで協力できるようになってほしい。

グリーンインフラとしての役割を高めるために

気候変動に伴う激甚災害の増加や、社会格差の拡大、新型コロナウイルス蔓延や世界情勢の不安定化を背景に、都市のあり方を見直し、自然環境もうまく取り入れながら持続可能なまちづくりを目指す動きが加速している。その意味では、都市型農園を「グリーンインフラ」の1つとして捉え、まちのなかに位置づけていくことも、SDGs 達成のために重要だろう。

グリーンインフラの定義は1つに定まっていないが、国土交通省は「自然環境が有する機能を社会におけるさまざまな課題解決に活用しようとする考え方」と説明している。2015 年度に閣議決定された国土形成計画および第4次社会資本整備重点計画では、「国土の適切な管理」「安全・安心で持続可能な国土」「人口減少・高齢化等に対応した持続可能な地域社会の形成」といった課題への対応の１つとして、グリーンインフラの取り組みを推進している[2)]。

自然環境の機能を社会課題解決に活用するというアイデア自体は、以前から指摘されてきたことではある。例えば、「Eco-DRR」（生態系を活用した防災・減災：Ecosystem-based disaster risk reduction）や「NbS」（自然を活用した解決策：Nature-based Solutions）のような関連した概念は、都市計画系の分野では認知度を上げている。各都市の状況を細かく把握しながら、どこにどういった機能がどれだけ必要なのかを考えたうえで、どういった種類の自然環境を創出・再生・保全するのかが重要になってくる。

その点、都市型農園は自然環境を活用してつくられた空間であり、またその機能も多岐にわたっている。もしグリーンインフラとしての役割を期待して開設を支援しようとするのであれば、食料生産や社会的包摂、健康維持といった機能が都市のどこで求められているかを把握し、ニーズに応える農園の形をきちんと描くことが必要だろう。その際は、中間支援組織や自治体が中心となり、学識者とも連携しながら地域分析を行い、計画的に推進されるのが望ましい。そうした取り組みがあってこそ、都市に必要なインフラとして、都市型農園の機能が発揮される。

以上のような視点を持ち、SDGs に示された具体的な目標を意識しながら、余暇活動の場としてだけではない都市型農園の活用がなされることを期待したい。

2 新しい豊かなライフスタイルへ

農にかかわるライフスタイルに向けられる注目

これまで日本ではさまざまな表現で、農にかかわるライフスタイルが提示されてきた。例えば「農のある暮らし」は、先述のように、農的な空間や活動が日々の営みの要素になっている暮らしである。また「半農半X」は塩見直紀氏が提唱したライフスタイルで、農業とほかの仕事を組み合わせた働き方により、自給的な農業を行いながら（半農)、個性を活かしたやりたい仕事（半X)を両立させる生き方である[3)]。お金を多く稼ぐことばかり重視するのではなく、食べ物やある程度必要な収入を確保しつつ、好きなことに時間を使って暮らそうという考え方にもとづいている。自分なりの幸せを求める生き方といえる。

コロナ禍が喚起した農的活動への需要

暮らしの本当の豊かさとは何かを問い直す風潮を追い風に、農を取り入れたライフスタイルが注目されつつあったところに、2020年、新型コロナウイルス感染症のパンデミックが起きた。

外出の制限や自粛が起きるなかで高まったのが、比較的安全な屋外にある自宅の庭や貸農園で、気晴らしや子どもの遊びとして野菜や花を育てる農的活動の需要だ。ホームセンターでは園芸用品の好調な売れ行きが報じられた。

貸農園業界でも申し込みが急増した。アグリメディア社が都市部の農地を借用して展開するサービス付き貸農園「シェア畑」では、新規契約者数が2020年5月には過去最高を更新し、前年同期比で2倍、農園によっては6.5倍の新規契約者数を記録したという[4)]。

また、農家でのアルバイト案件を希望者とマッチングするアプリも人気になった。2020～2021年の1年で、株式会社マイナビによる「農mers」は登録者が8倍以上、アグリトリオ社の提供する「農How」は5～6倍になったという[5, 6]。背景には、収入の減少やリモートワークの普及があると考えられている[7]。このように、家庭での園芸から本格的な農業にかけての「農」のグラデーション上にあるどの活動も注目を集めた。

海外でも同様の傾向がみられる。ドイツのクラインガルテンを借りたいと申し込んだ人はパンデミック前の2倍、特にベルリン、ハンブルク、ミュンヘンなどの大都市では4倍にもなった[8]。学術界でも、自宅の庭やコミュニティガーデンが、コロナ禍の特にロックダウン（都市封鎖）中において、いかに人々の健康などに良い影響をもたらしたかを分析した論文が続々と発表された。ドイツのほか、インド、インドネシア、イタリア、英国、カナダ、スコットランド、米国、フィリピン、オーストラリア、ブラジルなどでの調査結果が公表されている。

社会課題解決とライフスタイル普及の両輪を推進する都市戦略へ

コロナ禍による農への関心の急な高まりは一時的なものかもしれないが、もともとあった流れを加速させたものでもある。多くの人が農の楽しみを体感したことで、農を取り入れたライフスタイルの裾野は広がり、都市型農園の存在に気づいた人も増えた。ライフスタイルに組み込む要素の1つとして、都市型農園が認識されたともいえる。

これからは、「外出自粛でやむなく」という理由ではなく、自分の実現したいライフスタイルに合う都市型農園を選んでいく動きが定着するだろう。借りた区画で一から農作業に打ち込む市民農園や、サポートを受けながら気軽に楽しむ体験農園、地域の人とわいわい取り組むコミュニティガーデンなどのなかから、自分の趣向や使える時間に合ったものを柔軟に選び取れるよう、多様なニーズを捉えた都市型農園がまちに求められるはずだ。

土地活用をはじめとする社会課題の解決と、農を取り入れた豊かなライフスタイルの普及。その両輪の需要に合った都市型農園を設立・推進していく都市戦略は、都市を持続可能なものに近づけ、そこに生きる人々の生活を向上させてゆくはずである。

補注・引用文献

1) 日野市　農のある暮らしづくり協議会（2021）農のある暮らしづくり計画書。
https://www.city.hino.lg.jp/shisei/machidukuri/1016599/1017179.html
2) 国土交通省（n.d.）グリーンインフラ。
https://www.mlit.go.jp/sogoseisaku/environment/sosei_environment_mn_000034.html（2021 年 4 月 19 日閲覧）
3) 塩見直紀（2003）半農半 X という生き方。ソニーマガジンズ
4) タウンニュース（2020）コロナ禍で「市民農園」人気。
https://www.townnews.co.jp/0603/2020/07/03/532941.html（2021 年 8 月 13 日閲覧）
5) PR TIMES（2021）登録者が 1 年前の 8 倍に。「農家」と「農業をやりたい人」をつなぐマッチングアプリ『農 mers』で、業界の人手不足を解決したい。
https://prtimes.jp/story/detail/7bZqKQF7eVr（2021 年 8 月 13 日閲覧）
6) メ～テレ（2021）コロナ禍で農業がアツい！マッチングアプリで農家バイト・貸し農園の契約は 10 倍に。
https://www.nagoyatv.com/news/?id=007232（2021 年 8 月 13 日閲覧）
7) NHK ニュース（2021）農業で働きたい人が急増 コロナで収入減や働き方の変化背景に。
https://www3.nhk.or.jp/news/html/20210412/k10012969391000.html（2021 年 8 月 13 日閲覧）
8) Bundesverband Deutscher Gartenfreunde e.V.（n.d.）Kleingärten - in Corona-Zeiten sehr begehrt.
https://www.kleingarten-bund.de/de/Aktuelles/kleingaerten-in-corona-ze/（2021 年 8 月 13 日閲覧）

おわりに

「農」は人類がずっと続けてきた共通の営みである——そのことをタイムマシンに乗って確かめることはできないものの、片鱗を感じ取れるのが、世界各地で都市型農園を見つけるときだ。人の見た目も言葉も習慣も違うけれども、土に触り食べ物をつくることはみんな一緒なのだ、と。そして、自然の不確実な要素をできるだけ抑え、便利な環境として都市をつくってきたはずなのに、結局、人間は都市においても隙間を見つけては土を耕しているのだな、としみじみ思う。人は土から離れられないのだろう。

そんな哲学的なこと——あるいは生物学的な本能の話かもしれないが——はさておいて、緑地計画を専門として研究活動を通じてさまざまな地を訪れるたびに、農園を手段として地域社会の課題解決に挑んでいる志の高い人たちに多く出会ってきた。場所や人種は違えど、皆同じようにキラキラと、信念にもとづきつつもゆるやかに、農園を運営したり手伝ったりしている。それぞれに人手や資金の不足、土地の契約など困難は抱えているが、前向きになんとかなる・するという姿勢がみえた。こんな風に生きられたら、こんな人たちのいるコミュニティにいられたら、と思うこともしばしばだ。

日本にも同様に奮闘されている方々がおり、本書でも紹介したように、学ぶところの多い事例も存在している。しかし、海外に比べると法律や前例主義の縛りがなかなか大きく、多様なタイプの都市型農園を生み出すことにはブレーキがかかっているようにも思える。世の中にはこんな方法でやっているよ、こんな素敵な効果が生まれているよ、という情報がもっとあったら、爆発的にとは言わずとも、都市型農園の広がりはきっと加速するのではないかと思っている。しかし、現場で活躍している方にとっては自身の活動で精一杯になりがちだ。情報を集める時間や体力を捻出するのは容易ではなく、ましてや世界各地に赴いて事例を勉強することは難しいはずだ。これは、実際に自分でも、筑波大学在籍時にご縁あって学内の「ミューズガーデン」で多文化共生ガーデンプロジェクトを実施したときに感じたことである。

そこで、これまで幸いにもいろいろな地を訪れて調査する機会を得られた身として、溜めこんだ知見を学術界だけでなく広く社会還元できないかと思ったのが、本を出版したいと思ったきっかけだった。

私が初めて都市型農園に出会ったのは、学生時代の2009年、音楽の都と呼ばれるウィーンにて、だった。オーケストラでの演奏を趣味にしていることもあり、ヨーロッパへの憧れが大きかった私に、当時緑地計画学の講義を担当され、のちの指導教員を務めてくださった恩師・横張真先生が「クラインガルテンを研究してみないか」と提案してくださったのがきっかけだ。飛行機に初めて乗ったのがその前年の欧州旅行だった私は、英語はまともに実践で使った経験もないうえに、学生時の第二外国語はスペイン語を選択していたため、ドイツ語能力もゼロだった。

そんな状況だったが、資金を何とか捻出し、先生と研究室の先輩とともにウィーンへ行く機会をいただいて、クラインガルテンに出会った。そこは都心部からそう遠くないまちなかであったにもかかわらず、個性豊かな庭の区画が連なる広大な緑地で、人々がのんびりお花に水をあげたり、ベンチに寝そべって夏のまぶしい日差しを存分に味わったりしている姿が印象的だった。こうした都市での暮らし方があるということは、私にとってかなりのカルチャーショックだった。

ウィーン視察のあとはデンマークのコペンハーゲン大学によるサマースクールに参加し、そのついでにコロニーヘイヴと呼ばれるクラインガルテンと同様の都市型農園をいくつか訪問した。そのうちの１つで見た第二次世界大戦時代からの遺物は興味深く、気さくに農園の案内をしてくださる人々の優しさにも感動した。このような歴史上意義深く、豊かな空間がまちなかにあるとは、と衝撃を受けたのだった。

そして大学院に進学し、研究がうまくいかず自信を失っていたときに出会ったのが、本書でも取り上げた東京都日野市のせせらぎ農園だった。せせらぎ農園の皆様は、私が何者かということも聞かずに、一緒に農作業をしながら声をかけてくれた。自分がそこに当然のようにいてもよいのだと感じ、自分を受け入れてくれる場所があるのだと救われた気分になった。また雑草取りなどの農作業は、長い間もがいても形がなかなか見えてこない研究とは異なり、自分のやったことに対する成果がすぐにわかるため、その達成感にも救われた。

こうした場所がまちのあちこちにあれば、自分のように救われる人は増えるのではないだろうかと、漠然と考えたのが研究を続けていく原動力となった。

本文でも述べた通り、都市型農園は都市の拡大や成熟とともに、そしてコロナ禍の影響を受けて、ますますブームになっている。従来とは異なる国々でも事例がみられるようになり、中間支援組織やガーデンマップも発展している。論文を見ていると、欧米やオセアニアだけでなくアジア圏やアフリカ圏にも広がっているように感じる。これが果たして一過性のものとして終わるのか、あるいは都市に欠かせない場として残っていくのかはまだわからない。しかし、現状をみる限りでは、都市型農園はコミュニティにとって必要な場であると思う。研究をもとにしてできた本書を世に出すことによって、少しでも日本の現場の方々の助けになり、都市型農園が増えるきっかけになれば幸いである。そして、その農園が誰かの人生にとって大切な場となれば嬉しい。

この本は、関係者の皆様の多大な協力によってつくることができた。紹介した事例の関係者には情報提供や事実関係の確認など、多大な労をいただいた。一部の事例紹介にあたっては寄稿者に多忙ななかで筆をとっていただいている。学芸出版社の編集担当者である松本優真様にも、進捗の遅い私を温かく支えていただき、執筆に関してもご意見をたくさん出していただいた。また、ぜひとも装丁を手掛けていただきたかった農業デザイナーの南部良太様とイラストレーターの五味健悟様には、ご快諾のうえ素敵な表紙・装画を仕上げていただいた。この場をお借りして、皆様に厚く御礼申し上げる。

最後に、「農」とかかわるきっかけをくださり、都市と農のあり方にいつも目から鱗の鋭い視点を授けてくださる横張真先生、博士号取得の際から今まで常に自分の芯を見出せるように後押ししてくださる斎藤馨先生をはじめとした諸先生方、いつも見守ってくれた家族・友人・先輩・後輩、そして、この本を手に取ってくださった皆様に心より感謝をお伝えしたい。ありがとうございました。

2022 年 9 月

新保奈穂美

〈著者〉
新保奈穂美（シンポ・ナオミ）

兵庫県立大学大学院緑環境景観マネジメント研究科講師、兼、兵庫県立淡路景観園芸学校景観園芸専門員。東京大学農学部環境資源科学課程緑地生物学専修卒業。東京大学大学院新領域創成科学研究科自然環境学専攻修士課程、同博士課程修了。博士（環境学）。筑波大学生命環境系助教を経て、2021年4月より現職。2021年8月より東北大学大学院国際文化研究科特任講師も務める。博士課程時にウィーン工科大学（オーストリア）に留学、ポスドク時にリンカーン大学（ニュージーランド）に研究滞在。

〈寄稿者（執筆順）〉

瀬戸徐映里奈（セト・ソ・エリナ）

近畿大学人権問題研究所特任講師。近畿大学農学部環境管理学科卒業。京都大学大学院農学研究科生物資源経済学専攻修士課程修了、同博士課程研究指導認定退学。2021年4月より現職。修士（農学）。
● Chapter 2 CASE.13

村松賢（ムラマツ・ケン）

株式会社オリエンタルコンサルタンツグローバル（契約社員）。沼津工業高等専門学校専攻科機械電気システム工学専攻、千葉大学工学部都市環境システム学科卒業。東京大学大学院工学系研究科都市工学専攻修士課程修了。修士（工学）。
● Chapter 2 CASE.14

別所あかね（ベッショ・アカネ）

東京大学大学院工学系研究科都市工学専攻都市計画講座助教。メリーランド芸術大学建築デザイン科卒業。東京大学大学院新領域創成科学研究科サステナビリティ学グローバルリーダー養成大学院プログラム修士課程修了。東京大学大学院工学系研究科都市工学専攻博士課程修了。博士（工学）。2022年4月より現職、および東京大学社会連携講座「サステナブルなまちの創生」研究メンバー。
● Chapter 2 CASE.15

鈴木杏佳（スズキ・キョウカ）

静岡県の株式会社在職。静岡県出身。静岡県立静岡農業高校卒業後、静岡県立大学国際関係学部に進学。大学在学中に、農福連携の取り組みに興味を持つ。その後、コミュニティガーデンの概念に出会い、実践地で学ぶため留学を決意。2018年度にオーストラリア・メルボルンへ1年留学をする。現地で10カ所以上のコミュニティガーデンを訪れフィールドワークを行う。帰国後、大学内においてコミュニティガーデン「ひだまりの丘ガルテン」を設立。2020年度に大学を卒業し、現職。現在も静岡市登呂博物館での古代米栽培や地域農家への援農活動など、農を中心とした地域での活動を継続している。
● Chapter 2 CASE.16

木村智子（キムラ・トモコ）

コミュニティガーデンコーディネーター。有限会社スマイルプラス代表取締役、認定NPO法人浜松NPOネットワークセンター理事、NPO法人GreenWorks所属。千葉大学園芸学部造園学科卒業。インターミディエイター®、1級造園施工管理技士。造園設計コンサルタントで公園等の計画・設計実務を経て独立。2010年より現職。公園やガーデンを活用し、市民自らが動いてまちの課題解決をする場を、異なる領域をつなぎ、対話と協働を促しながら各地でコーディネートしている。
● Chapter 3 コラム

まちを変える都市型農園──コミュニティを育む空き地活用

2022年9月15日 第1版第1刷発行
2023年6月10日 第1版第2刷発行

著者 新保奈穂美

発行者 井口夏実

発行所 株式会社学芸出版社
京都市下京区木津屋橋通西洞院東入
電話 075-343-0811 〒600-8216
http://www.gakugei-pub.jp/
info@gakugei-pub.jp

編集担当 松本優真

DTP 梁川智子
装丁 南部良太
装画 五味健悟
印刷 イチダ写真製版
製本 山崎紙工

ISBN978-4-7615-2821-8